SAMMLUNG GÖSCHEN BAND 1099

INTEGRALGLEICHUNGEN

von

DR. GUIDO HOHEISEL

o. Professor der Mathematik an der Universität Köln

Zweite, neubearbeitete und erweiterte Auflage

WALTER DE GRUYTER & CO.

vormals G. J. Göschen'sche Verlagshandlung · J. Guttentag, Verlagsbuchhandlung · Georg Reimer · Karl J. Trübner · Veit & Comp.

BERLIN 1963

 — Archiv-Nr. 7714633. — Satz und Druck: Walter de Gruyter & Co., Berlin 30. Printed in Germany.

Inhaltsverzeichnis

Verzeichnis der Symbole

Literaturverzeichnis

S. G. Mikhlin, Integral equations and their applications to certain problems in mechanics, mathematical physics and technology. (Translated from the russian by A. H. Armstrong) Pergamon Press, London-New York-Paris-Los Angeles, 1957.

W. Schmeidler, Integralgleichungen mit Anwendungen in Physik und Technik, Bd. I, Lineare Integralgleichungen. Akademische Verlagsgesellschaft Geest & Portig K.-G., Leipzig, 1950.

F. Smithies, Integral equations. Cambridge tracts in mathematics and mathematical physics, Nr. 49, Cambridge University Press, 1958.

§ 1. Einleitung

Es ist unseren Denkgewohnheiten angemessen, abstrakte und weitgehend unanschauliche Dinge in geometrischer Sprechweise zu beschreiben und so Analogien mit vertrauteren Dingen herzustellen.

Betrachten wir nun *lineare Integralgleichungen*, d. h. Ausdrücke der Gestalt

$$f(s) = \varphi(s) - \lambda \int_a^b k(s, t)\, \varphi(t)\, dt, \tag{1. 1}$$

wo $f(s)$ und $k(s, t)$ gegebene Funktionen sind, während $\varphi(s)$ gesucht wird, so drängt sich sofort der Vergleich mit einem linearen Gleichungssystem auf: Ersetzt man die kontinuierliche Strecke $\langle a, b\rangle$ durch endlich viele Punkte, die etwa mit $1, 2, \ldots, n$ bezeichnet sein mögen, und ersetzt die Integration entsprechend durch Summation, so verwandelt sich (1. 1) in

$$f(\mu) = \varphi(\mu) - \lambda \sum_{\nu=1}^{n} k(\mu, \nu)\, \varphi(\nu) \quad (\mu = 1, \ldots, n), \tag{1. 2}$$

wofür wir auch

$$y_\mu = x_\mu - \lambda \sum_{\nu=1}^{n} \alpha_{\mu,\nu} x_\nu \tag{1. 3}$$

oder schließlich kurz mit Hilfe der Matrix $A = (\alpha_{\mu,\nu})$ und in Matrixschreibweise, wobei $\mathfrak{x}$ und $\mathfrak{y}$ $(n, 1)$-Matrizen sind,

$$\mathfrak{y} = \mathfrak{x} - \lambda A \mathfrak{x} \tag{1. 4}$$

schreiben. Diese Analogie ist nicht nur formal. Approximiert man das Integral in (1. 1) durch Teilsummen, so erhält man ähnliche Gleichungen wie in (1. 2). Mit Hilfe dieser Approximation kann man nun versuchen, Ergebnisse, die man für das System (1. 2) erhalten hat, auf die Gleichung (1. 1) zu übertragen. Wir werden jedoch zunächst von der formalen Ähnlichkeit zwischen (1. 1) und (1. 4) ausgehen und im folgenden versuchen, Begriffe einzuführen und zu entwickeln, die es uns erlauben, (1. 1) in ähnlicher Weise zu behandeln wie die uns aus der linearen Algebra bereits vertraute Gleichung (1. 4).

§ 2. Lineare Räume

Als erstes müssen wir offenbar die n-dimensionalen Vektoren in (1. 4) durch Funktionen ersetzen. Nehmen wir etwa an, daß φ und k stetig sind, so ist dies offenbar auch f, und wir könnten also zum Beispiel an Stelle des R^n den „Raum" aller stetigen, komplexwertigen Funktionen im abgeschlossenen Intervall $\langle a, b\rangle$ nehmen.

Diesen Raum, der uns noch öfter beschäftigen wird, *bezeichnen wir mit* $C(a, b)$.

Wir könnten uns auch auf die reellwertigen Funktionen beschränken. Diese Räume haben mit den endlichdimensionalen Vektorräumen gemeinsam, daß sich in ihnen eine *Addition* $x + y$ zweier Elemente x und y erklären läßt sowie eine *Multiplikation* αx *mit* (komplexen bzw. reellen) *Zahlen.* Wir nennen diese Räume darum auch (komplexe bzw. reelle) *Vektorräume.* Natürlich müssen Addition und Multiplikation den üblichen Gesetzen gehorchen:

(2. 1) 1) $(x + y) + z = x + (y + z)$, 2) $x + y = y + x$, 3) Es existiert ein Element o mit $x + o = x$ für jedes x, 4) $\alpha(\beta x) = (\alpha\beta)x$, 5) $\alpha(x + y) = \alpha x + \alpha y$, 6) $(\alpha + \beta)x = \alpha x + \beta x$, 7) $1 \cdot x = x$, 8) $0 \cdot x = o$.

(Wir unterscheiden die Zahl 0 und das Element o!)

Es ist klar, daß diese Gesetze in $C(a, b)$ gelten, wenn wir Addition und Multiplikation mit einer Zahl in „natürlicher" Weise definieren, d. h. $(f + g)(t) = f(t) + g(t)$ und $(\alpha f)(t) = \alpha f(t)$.

Aus der analytischen Geometrie kennen wir bereits den reellen n-dimensionalen Vektorraum R^n und sein komplexes Gegenstück, den K^n. Weitere Beispiele werden wir im folgenden kennenlernen.

Jede Teilmenge eines linearen Vektorraums, die mit ihren Elementen x und y auch die Summe $x + y$ und das Vielfache αx enthält, nennen wir einen *Teilraum*.

Beispiele in $C(a, b)$: Der Raum aller differenzierbaren Funktionen, der Raum aller Polynome, der Raum aller stetigen Funktionen, die in einem bestimmten Punkte verschwinden. Ein solcher Teilraum kann zum Beispiel aus den Linearkombinationen $y = \sum_{i=1}^{n} \alpha_i x_i$ von n bestimmten Elementen $x_1, x_2, \ldots, x_n$ bestehen. Wir sagen dann auch: Der Teilraum ist von den Vektoren $x_1, x_2, \ldots, x_n$ erzeugt. Ein solcher Raum heißt endlichdimensional und die Maximalzahl linear unabhängiger Elemente in ihm seine Dimension. Dabei heißen Vektoren $y_1, y_2, \ldots, y_k$ linear unabhängig, wenn aus $\sum_{i=1}^{k} \alpha_i y_i = o$ folgt, daß alle α_i verschwinden. Man zeigt wie im R^n, daß ein n-dimensionaler Teilraum von n linear unabhängigen Elementen erzeugt wird, und daß jeder von n Elementen erzeugte Raum höchstens die Dimension n hat. Unendlichdimensional heißt ein Raum, der beliebig viele linear unabhängige Elemente enthält, wie z. B. der Raum $C(a, b)$.

Aufgabe 1. Man führe die Beweise der oben erwähnten Sätze aus der Theorie endlichdimensionaler Vektorräume durch.

Aufgabe 2. Man zeige, daß $C(a, b)$ unendlichdimensional ist. Sind die oben genannten Teilräume von $C(a, b)$ ebenfalls unendlichdimensional?

Aufgabe 3. Sei $\mathfrak{M}$ eine beliebige (endliche oder unendliche) Punktmenge. Betrachten wir die Menge $\mathfrak{F}(\mathfrak{M})$ aller (beliebigen) komplexwertigen Funktionen auf $\mathfrak{M}$. $\mathfrak{F}(\mathfrak{M})$ bildet einen Vektorraum. Für welche $\mathfrak{M}$ ist er endlichdimensional?

Aufgabe 4. Man betrachte den Raum $\mathfrak{c}_0$ aller (komplexen) Nullfolgen $\{\alpha_n\}$. Es sei wieder $\alpha\{\alpha_n\} = \{\alpha\alpha_n\}$ und $\{\alpha_n\} + \{\beta_n\} = \{\alpha_n + \beta_n\}$. $\mathfrak{c}_0$ ist ein Vektorraum. Man zeige: Er ist unendlichdimensional. Die Folgen, die nur endlich viele nicht verschwindende Glieder besitzen, bilden einen Teilraum. Ist er endlichdimensional?

§ 3. Normierte Räume

Im unendlichdimensionalen Raum genügen die linearen Beziehungen allein nicht, um die Verhältnisse in befriedigender Weise zu beschreiben. Wir müssen hier auf einen weiteren Begriff zurückgreifen, der uns schon aus den endlichdimensionalen Räumen bekannt ist: die Länge oder „Norm" $\| x \|$ eines Vektors x. Ihre wesentlichen Eigenschaften sind

(3. 1) 1) $\| x \|$ *ist eine nicht negative reelle Zahl, die nur für* $x = o$ *verschwindet.*

2) $\| \alpha x \| = | \alpha | \, \| x \|$ *und*

3) $\| x + y \| \leqq \| x \| + \| y \|$,

die sogenannte Dreiecksungleichung. (Vorläufig wird nichts darüber gesagt, für welche (x, y) das Gleichheitszeichen steht.) Einen Vektorraum mit einer derartigen Norm nennen wir normiert.

Betrachten wir unser Beispiel $C(a, b)$. Sei $x(t)$ eine Funktion in $C(a, b)$, dann nimmt $x(t)$ in $\langle a, b\rangle$ ein Maximum an.

Wir definieren dieses Maximum als die sogenannte „Maximumnorm“:

$$\| x \|_c = \max | x(t) | \text{ für } (a \leqq t \leqq b).$$

$\| x \|_c$ ist nichtnegativ und verschwindet genau dann, wenn $x(t)$ identisch verschwindet.

$\| \alpha x \|_c = | \alpha | \, \| x \|_c$ folgt unmittelbar.

Sehr einfach ergibt sich auch die Dreiecksgleichung

$$\| x + y \|_c = \max | x(t) + y(t) | \leqq \max (| x(t) | + | y(t) |)$$
$$\leqq \max | x(t) | + \max | y(t) | = \| x \|_c + \| y \|_c.$$

Es ist natürlich möglich, in einem Vektorraum verschiedene Normen einzuführen. Nehmen wir wieder den Raum K^n mit seinen Vektoren $x = (\xi_1, \ldots, \xi_n)$. Wir machen ihn zum „euklidischen Raum“ E^n durch Einführung der Norm $\| x \| = (\xi_1^2 + \cdots + \xi_n^2)^{\frac{1}{2}}$. Wir können ihn aber auch zum Raum l_∞^n machen durch die Norm $\| x \| = \max\limits_i | \xi_i |$.

Aufgabe 5. Man zeige, daß die Norm in l_∞^n den Gesetzen (3. 1) genügt.

Aufgabe 6. In c_0 sei $\| x \| = \max | \alpha_\nu |$ definiert. Man zeige, daß dieses Maximum existiert und eine Norm definiert.

Mit Hilfe der Norm läßt sich nun ein Abstand (Distanz) $d(x, y) = \| x - y \|$ zweier Vektoren und damit auch eine Konvergenz definieren: $\{x_n\}$ konvergiert (bezüglich der Norm $\| \ \|_d$) gegen x, wenn $d(x_n, x) = \| x_n - x \|$ gegen Null konvergiert. Im Falle des $C(a, b)$ bedeutet z. B. Konvergenz bezüglich der Norm $\| \ \|_c$ gleichmäßige Konvergenz:

$$\max | x_n(t) - x(t) | = \| x_n - x \|_c.$$

Geht dieses Maximum gegen 0, so konvergiert $x_n(t)$ gleichmäßig gegen $x(t)$ und umgekehrt.

Entsprechend heißt $\{ x_n \}$ eine Cauchy-Folge, wenn $\| x_n - x_m \|$ gegen Null geht für $n, m \to \infty$. *Jede konvergente Folge ist eine Cauchy-Folge.* Dies folgt aus

$$\| x_n - x_m \| = \| x_n - x + x - x_m \| \\ \leqq \| x_n - x \| + \| x_m - x \|.$$

Die Umkehrung braucht nicht immer zu gelten: So können wir zum Beispiel die Polynome als linearen Teilraum von $C(a, b)$ auffassen und in ihm die gleiche Norm wie in $C(a, b)$ einführen. Konvergenz im Sinne der Norm $\| \ \|_c$ bedeutet aber gleichmäßige Konvergenz in $\langle a, b \rangle$. Der Satz von Weierstraß sagt nun, daß jede stetige Funktion gleichmäßig durch Polynome approximiert werden kann. Also gibt es Folgen von Polynomen, die zwar gleichmäßig konvergieren, jedoch nicht gegen ein Polynom.

Aufgabe 7. Man gebe eine solche, d. h. gegen gegebenes stetiges f konvergente Polynomfolge an.

Konvergiert in einem normierten Raume jede Cauchyfolge gegen ein Element dieses Raums, so nennen wir ihn *vollständig* oder auch *Banachraum* oder kurz *B-Raum.*

$C(a, b)$ ist ein Banachraum. Denn jede gleichmäßig konvergente Folge stetiger Funktionen konvergiert gleichmäßig gegen eine stetige Funktion.

Aufgabe 8. Man zeige, daß $\mathfrak{c}_0$ vollständig ist.

Mit dem Abstand $d(x, y)$ ergibt sich von selbst die Definition des Abstandes zwischen einem Punkt und einer Teilmenge, meist einem Teilraum: $d(x, M) = \inf \| x - y \|$, wo y ganz M durchläuft (kürzer geschrieben $\inf (\| x - y \|, y \in M)$). Es gibt dann zwar eine Folge $\{y_n\}$ in M mit $\lim \| x - y_n \| = d(x, M)$, aber es gibt im allgemeinen kein y_0 in M mit $\| x - y_0 \| = d(x, M)$, auch dann nicht, wenn M ein vollständiger Teilraum ist.

Aufgabe 9. Alle f mit $f(0) = 0, \int_0^1 f(t)\, dt = 0$ bilden einen Teilraum M in $C(0, 1)$. Man zeige, daß M vollständig ist.

Sei $g = g(t) = t$. Man zeige: $d(g, M) = \frac{1}{2}$, es existiert aber kein f in M mit $d(g, f) = \frac{1}{2}$.

Gibt es ein solches „Lot" $\| x - y_0 \|$ mit dem „Fußpunkt" y_0, so braucht es — selbst im endlichdimensionalen Fall — nicht eindeutig bestimmt zu sein.

Aufgabe 10. Man betrachte den Raum l^2_∞ und seinen Teilraum $M = \{(\xi; 0)\}$. Sei $x = (0; 1)$. Man zeige: $d(x, M) = 1$. Es gibt unendlich viele „Lote" von x auf M.

Aufgabe 11. Gibt es in einem normierten Raum von einem Punkt x auf einen Teilraum M mehr als ein „Lot", so gibt es deren unendlich viele.

Trotz dieser „Abweichungen" haben die endlichdimensionalen normierten Räume noch eine ziemlich einheitliche Struktur: Sei R endlichdimensional, von den linear unabhängigen $y_1, y_2, \ldots, y_n$ erzeugt. Jedes x hat dann die Gestalt $x = \sum_{i=1}^{n} \alpha_i y_i$. Es gilt:

(3. 2) Jeder endlichdimensionale Raum ist vollständig.

(3. 3) In einem endlichdimensionalen Raum konvergiert eine Folge $\left\{x_\nu = \sum_{i=1}^{n} \xi_{\nu,i} y_i\right\}$ *genau dann* gegen $x = \sum_{i=1}^{n} \xi_i y_i$, wenn die Koordinaten $\xi_{\nu,i}$ für jedes i gegen die entsprechende Koordinate ξ_i von x konvergieren.

Beweis: Es genügt, (3. 3) für $x = o$ zu zeigen, andernfalls kann man die Folge $x_\nu - x$ betrachten. Aus der zweiten Behauptung folgt die erste unmittelbar. Ist nämlich $\{x_\nu\}$ eine Cauchyfolge, so sind es demnach auch die $\xi_{\nu,i}$ für jedes i, als Zahlenfolgen besitzen sie aber einen Limes ξ_i. Es folgt dann wieder aus der zweiten Behauptung, daß $\{x_\nu\}$ gegen x konvergiert.

Es bleibt also (3. 3) zu beweisen. Für $n = 1$ ist die Behauptung unmittelbar klar. Nehmen wir an, sie sei bereits für $n-1$ bewiesen. Daß aus der Konvergenz der Koordinaten die der x_ν folgt, ergibt sich aber unmittelbar aus der Dreiecksungleichung. Nun konvergiere $\{x_\nu\}$ gegen o und i sei ein beliebiger Index. M sei der von den y_j mit $i \neq j$ erzeugte $(n-1)$-dimensionale Teilraum. Für diesen gilt nach Induktionsvoraussetzung die Behauptung, also ist er auch vollständig. Da y_i nicht zu M gehört, muß daher $d(y_i, M) > 0$ sein. Für $\xi_{\varrho,i} \neq 0$ und $y = -\xi_{\varrho,i}^{-1} \sum_j \xi_{\varrho,j} y_j (j \neq i)$ folgt $\| x_\varrho \| = \| \xi_{\varrho,i}(y_i - y) \| = | \xi_{\varrho,i} | \, \| y_i - y \| \geqq | \xi_{\varrho,i} | d(y, M)$ und damit $\lim | \xi_{\varrho,i} | = 0$ für $\varrho \to \infty$.

Aus dem Vorangehenden folgt noch:

(3. 4) *In einem endlichdimensionalen normierten Raum hat jede beschränkte Folge* — d. h. jede Folge $\{x_\nu\}$ mit $\| x_\nu \| < M$ (bei passendem M) — *eine konvergente Teilfolge.*

Beweis: Alle Folgen $\{\xi_{\nu,i}\}$ sind beschränkt. Wäre eine unbeschränkt, so könnten wir eine Teilfolge $\{x'_\nu\}$ mit $| \xi'_{\nu,i} | \to \infty$ und daraus eine Folge $\{z_\nu = \xi'^{-1}_{\nu,i} x'_\nu\}$ bilden. $\{z_\nu\}$ geht gegen 0, die i-te Koordinate ist aber für alle ν konstant $(= 1)$ entgegen dem vorigen Satz. Da die Koordinatenfolgen auch beschränkt sind, läßt sich nun eine Teilfolge auswählen, für die die erste Koordinate konvergiert, aus dieser wieder eine, für die auch die zweite Koordinate konvergiert, usw. Schließlich haben wir eine Teilfolge, deren sämtliche Koordinaten konvergieren und damit auch die Teilfolge selbst.

Dagegen gilt:

(3. 5) *In jedem unendlichdimensionalen normierten Raum gibt es eine Folge* $\{x_n\}$ *mit* $\| x_n \| = 1$ *und* $\| x_n - x_m \| > \frac{1}{2}$ *für alle* n *und* m.

(Umgekehrt ist natürlich jeder Raum, für den dies gilt, unendlichdimensional nach unserem vorangehenden Satz.)

Zum Beweis zuvor ein Lemma von Riesz:

(3. 6) *Sei M ein echter, vollständiger Teilraum des normierten Raumes R, $0 < \vartheta < 1$. Dann gibt es in R ein x_0 mit $\| x_0 \| = 1$ und $d(x_0, M) > \vartheta$.*

Beweis: Es gibt, da M echt ist, ein $x \notin M$, und da M vollständig ist, ist x nicht Limes einer Folge aus M, d. h. $d(x, M) = d > 0$. Es gibt daher ein y_0 in M mit $\| x - y_0 \| < \vartheta^{-1} d$. Sei $\alpha = \| x - y_0 \|^{-1}$, $x_0 = \alpha(x - y_0)$. Es folgt $\| x_0 \| = 1$. Außerdem ist

$$\| x_0 - y \| = \| \alpha x - \alpha y_0 - y \| = \alpha \| x - y' \|,$$

wobei mit y auch y' ganz M durchläuft. Daher ist

$$d(x_0, M) = \alpha d(x, M) > \vartheta d^{-1} d = \vartheta.$$

Nun können wir die im vorangehenden Satz erwähnte Folge konstruieren: Seien $x_1, x_2, \ldots, x_{n-1}$ bereits gefunden. Diese erzeugen einen endlichdimensionalen Teilraum M. Dieser ist vollständig und echter Teilraum von R, da R unendlichdimensional ist. Folglich gibt es ein x_n mit $\| x_n \| = 1$ und $d(x_n, M_{n-1}) > \frac{1}{2}$. Also ist auch $\| x_n - x_m \| > \frac{1}{2}$ für $m = 1, 2, \ldots, n-1$. Damit ist die Konstruktion der Folge gesichert.

Wir nennen eine Teilmenge M *dicht in dem normierten Raum R*, wenn sich jedes Element x beliebig gut durch Elemente aus M (der Norm nach) approximieren läßt. Man kann dies auch durch $d(x, M) = 0$ für alle $x \in R$ ausdrücken.

R heißt *separabel*, wenn es eine Folge $\{x_n\}$ gibt, die in R dicht liegt.

Dies ist schon dann der Fall, wenn es eine Folge y_n gibt, deren Linearkombinationen in R dicht liegen. Jede Linearkombination dieser y läßt sich nämlich wiederum beliebig gut durch eine solche mit rationalen Koeffizienten (im komplexen Falle mit Koeffizienten $\varrho + i\sigma$, wo ϱ und σ rational sind) annähern. Diese Linearkombinationen sind aber abzählbar und bilden bei geeigneter Anordnung also eine Folge $\{x_n\}$, die in R dicht liegt.

$C(a, b)$ ist separabel. Die Polynome, also die Linearkombinationen der Folge t^n liegen nämlich nach dem Satz von Weierstraß dicht in $C(a, b)$.

(3. 7) *Jeder Teilraum M eines separabeln Raumes R ist ebenfalls separabel.*

Beweis: Die Folge $\{x_n\}$ liege in R dicht. Zu jedem x_n gibt es ein y_n in M mit $\| x_n - y_n \| < d(x_n, M) + \frac{1}{n}$. Die y_n liegen dicht in M. Sei nämlich $y \in M$. Dann gibt es eine Teilfolge $\{x_{n_k}\}$ mit $x_{n_k} \to y$. Es ist $\| x_{n_k} - y \| \leqq d(x_{n_k}, M)$, also gilt $d(x_{n_k}, M) \to 0$. Es folgt $\| y - y_{n_k} \| < \| y - x_{n_k} \| + \| x_{n_k} - y_{n_k} \| \leqq d(x_{n_k}, M) + \frac{1}{n_k} + \| y - x_{k_n} \|$. Dieser Ausdruck geht aber gegen Null.

Von Wichtigkeit ist noch die *Stetigkeit der Norm:*

(3. 8) *Geht x_n gegen x, so auch $\| x_n \|$ gegen $\| x \|$.*

Beweis: Allgemein gilt

$$\big| \| x \| - \| y \| \big| \leqq \| x - y \|. \tag{3. 9}$$

Dies folgt aus $\| x \| \leqq \| y \| + \| x - y \|$ und

$$\| y \| \leqq \| x \| + \| x - y \|.$$

Auf unseren Fall angewandt erhalten wir

$$\big| \| x_n \| - \| x \| \big| \leqq \| x_n - x \|$$

und damit die Behauptung.

§ 4. Der Hilbertraum

Die durch eine beliebige Norm gegebene Struktur hat, wie wir sahen, noch nicht die Eigenschaften, die wir von den endlichdimensionalen (euklidischen) Räumen her gewohnt sind. So fehlt z. B. in $C(a, b)$ mit der Norm $\| \ \|_c$ der Begriff der Orthogonalität und kann auch nicht ohne weiteres dort eingeführt werden (vgl. Aufgabe 10). Es liegt daher auch hier nahe, zu versuchen, eine andere „euklidische" Norm einzuführen. Im E^n geschah dieses mit Hilfe eines Skalarproduktes $\langle x, y\rangle = \sum_{i=1}^{n} \xi_i \bar{\eta}_i$. Die Analogie zwischen (1. 1) und (1. 2) führt uns nun dazu, $\langle f, g\rangle = \int_a^b f(t)\, \bar{g}(t)\, dt$ für f, g in $C(a, b)$ zu definieren. Allgemein wollen wir eine komplexwertige Funktion $\langle x, y\rangle$ ein Skalarprodukt nennen, wenn sie die folgenden drei Eigenschaften hat:

(4. 1) 1) $\langle x,y\rangle = \overline{\langle y, x\rangle}$, 2) $\langle \alpha_1 x + \alpha_2 x, y\rangle = \alpha_1 \langle x,y\rangle + \alpha_2 \langle x,y\rangle$,
3) $\langle x, x\rangle \geqq 0$ und $\langle x, x\rangle = 0$ nur, wenn $x = o$ erfüllt.

Aus 1) und 2) folgt noch

4) $\langle x, \alpha_1 y + \alpha_2 y\rangle = \bar{\alpha}_1 \langle x, y_1\rangle + \bar{\alpha}_2 \langle x, y_2\rangle$.

Offenbar genügen die oben eingeführten Skalarprodukte diesen Bedingungen.

Mit Hilfe eines solchen Skalarproduktes läßt sich nun auch eine Norm definieren:

$$\| x \| = + \sqrt{\langle x, x\rangle}.$$

Aus 3) und 2) folgt $\|x\| \geqq 0$ und $\|x\| = 0$ nur, wenn $x = o$, sowie $\| \alpha x \| = + \sqrt{\langle \alpha x, \alpha x\rangle} = \sqrt{|\alpha|^2 \langle x, x\rangle} = |\alpha| \cdot \| x \|$. Zum Beweise der Dreiecksungleichung benötigen wir die sogenannte Schwarzsche Ungleichung:

(4. 2) $|\langle x, y\rangle| \leqq \| x \| \, \| y \|$, wobei Gleichheit nur dann gilt, wenn x und y linear abhängig sind.

Beweis: Für $x = o$ oder $y = o$ ist die Behauptung trivial. Sei nun $y \neq o$. Ist $x = \lambda y$, so folgt $|\langle x, y\rangle| = |\lambda| \, \| y \|^2 = \| x \| \; \| y \|$. Ist für jedes λ $x + \lambda y \neq o$, so gilt $0 < \| x + \lambda y \|^2 = \| x \|^2 + \bar{\lambda} \langle x, y\rangle + \lambda \langle y, x\rangle + |\lambda|^2 \|y\|^2$ und für $\lambda = - \| y \|^{-2} \langle x, y\rangle$ $0 < \| x \|^2 - \| y \|^{-2} |\langle x,y\rangle|^2$ und damit die Behauptung. Die Dreiecksungleichung folgt jetzt unmittelbar: $\| x + y \|^2 = \| x \|^2 + 2\, Re \langle x, y\rangle + \| y \|^2 \leqq \| x \|^2 + 2\, |\langle x, y\rangle| + \| y \|^2 \leqq (\| x \| + \| y \|)^2$. Im Falle der Gleichheit folgt $Re\langle x, y\rangle = |\langle x, y\rangle| = \|x\|\,\|y\|$, also sind nach 4) x und y linear abhängig, z. B. $x = \lambda y$ und $Re\,\lambda\,\|y\|^2 = |\lambda|\,\|y\|^2$ also $\lambda \geqq 0$, falls $y \neq o$. Ist umgekehrt $x = \lambda y$, $\lambda \geqq 0$ so folgt sofort

$$\|x + \lambda y\| = \|(1+\lambda)y\| = |(1+\lambda)|\,\|y\| = \|x\| + \|\lambda y\|.$$

(4. 3) *Das Gleichheitszeichen in der Dreiecksungleichung gilt also genau dann, wenn $x = \lambda y$ oder $y = \lambda x$ mit $\lambda \geqq 0$.*

Dies braucht für allgemeine Normen nicht zu gelten: Sei in $C(0, 1)$ $x = x(t) = -1 + 2t$ und $y = y(t) = t$. Es ist $\|x + y\|_c = \|x\|_c + \|y\|_c = 2$. Nun sind aber x und y linear unabhängig. Damit ist gezeigt, daß im Raum $C(a, b)$ mit der Norm $\|\ \|_c$ kein Skalarprodukt definiert werden kann.

Aufgabe 12. Man zeige, daß die Norm in l^n_∞ nicht durch ein Skalarprodukt definiert werden kann.

Aufgabe 13. Man beweise: Notwendig und hinreichend dafür, daß eine Norm $\|x\|$ mit Hilfe eines Skalarproduktes definiert werden kann, ist das Bestehen der „Parallelogrammgleichung":

$$2\,\|x\|^2 + 2\,\|y\|^2 = \|x + y\|^2 + \|x - y\|^2.$$

Einen *Banachraum*, dessen Norm durch ein *Skalarprodukt* definiert ist, nennen wir einen *Hilbertraum* oder kurz *H-Raum*.

Ein H-Raum muß also vollständig sein.

Beispiele: Der uns bekannteste H-Raum ist der E^n. Wir werden sehen, daß der Raum $C(a, b)$ bezüglich der durch das oben eingeführte Skalarprodukt (f, g) definierten Norm nicht vollständig ist.

Aufgabe 14. Man gebe eine Folge von stetigen Funktionen an, die bezüglich der Norm $\|f\| = \int_a^b |f(t)|^2 dt$ konvergieren, jedoch nicht gegen eine stetige Funktion.

Der dieser Norm „entsprechende“ H-Raum ist der Raum L_2 der quadratintegrierbaren Funktionen, den wir im nächsten Abschnitt kennenlernen werden.

Ein einfaches Beispiel eines unendlichdimensionalen H-Raumes ist der Raum l_2 der Folgen $x = \{\xi_i\}$, für die $\|x\|^2 = \sum_{i=1}^{\infty} |\xi_i|^2$ konvergiert.

Aufgabe 15. Man zeige, daß das ein Hilbertraum ist.

Es folgen einige wesentliche Eigenschaften des Skalarproduktes und der H-Räume:

Das Skalarprodukt ist stetig: Geht x_n gegen x, y_n gegen y so auch $\langle x_n, y_n\rangle$ gegen $\langle x, y\rangle$.

Beweis:

$$|\langle x_n, y_n\rangle - \langle x, y\rangle| \leqq |\langle x_n, y_n - y\rangle| + |\langle x_n - x, y\rangle| \leqq \|x_n\| \, \|y_n - y\| + \|x_n - x\| \, \|y\|.$$

$\|y_n - y\|$ und $\|x_n - x\|$ gehen gegen 0, $\|x_n\|$ gegen $\|x\|$, also konvergiert der ganze Ausdruck gegen 0.

Wir sagen zwei Vektoren sind *orthogonal* ($x \perp y$), wenn $\langle x, y\rangle = 0$ ist. Wir nennen zwei Teilräume $\mathfrak{M}$ und $\mathfrak{N}$ orthogonal $\mathfrak{M} \perp \mathfrak{N}$, oder $\mathfrak{N} \perp \mathfrak{M}$, wenn $x \perp y$ (dasselbe wie $y \perp x$), für alle $x \in \mathfrak{M}$ und alle $y \in \mathfrak{N}$. *Sei $\mathfrak{M}$ ein Teilraum, dann bilden offenbar alle x, die orthogonal zu allen $y \in \mathfrak{M}$ sind, wieder einen linearen Teilraum, das orthogonale Komplement $\mathfrak{M}^\perp$ zu $\mathfrak{M}$. In einem Hilbertraum gilt nun:*

$\mathfrak{M}^\perp$ ist vollständig.

Sei $x = \lim x_n$, $x_n \in \mathfrak{M}^\perp$, y beliebig aus $\mathfrak{M}$. Aus der Stetigkeit des Skalarproduktes folgt dann auch $\langle x, y\rangle = 0$.

Wir nennen die (endlich oder unendlich vielen) Vektoren $y_1, y_2, \ldots$ ein (endliches oder unendliches) *Orthonormalsystem*, wenn $y_i \perp y_j$ für $i \neq j$ und ein *Orthogonalsystem*, wenn außerdem $\|y_i\| = 1$, also $\langle y_i, y_j\rangle = \delta_{ij}$ gilt.

(4. 6) *Ein Orthonormalsystem ist linear unabhängig.*

Beweis: Aus $\sum_{i=1}^{n} \alpha_i y_i = o$ folgt nämlich für jedes $j \leqq n$

$$0 = \langle \sum_{i=1}^{n} \alpha_i y_i, y_j \rangle = \sum_{i=1}^{n} \alpha_i \langle y_i, y_j \rangle = \sum_{i=1}^{n} \alpha_i \delta_{ij} = \alpha_j .$$

(4. 7) Sind die y_i ein Orthogonalsystem, so folgt

$$\| \sum_{i=1}^{n} \alpha_i y_i \|^2 = \sum_{i=1}^{n} | \alpha_i |^2 \| y_i \|^2$$

d. h. der Satz von Pythagoras unmittelbar aus $\langle y_i, y_j \rangle = 0$ für $i \neq j$.

(4. 8) Sei $\{y_i\}$ ein (unendliches) Orthonormalsystem (in einem H-Raum). Dann konvergiert $\sum_{i=1}^{\infty} \alpha_i y_i$ genau dann, wenn $\sum_{i=1}^{\infty} | \alpha_i |^2$ konvergiert und es ist $\| \sum_{i=1}^{\infty} \alpha_i y_i \|^2 = \sum_{i=1}^{\infty} | \alpha_i |^2$.

Beweis: Konvergiert $\sum_{i=1}^{n} \alpha_i y_i$, so auch

$$\| \sum_{i=1}^{n} \alpha_i y_i \|^2 = \sum_{i=1}^{n} | \alpha_i |^2 \| y_i \|^2 = \sum_{i=1}^{n} | \alpha_i |^2$$

(wegen der Stetigkeit der Norm) und der Limes ist $\| \sum_{i=1}^{\infty} \alpha_i y_i \|^2 = \sum_{i=1}^{\infty} | a_i |^2$ Konvergiert umgekehrt $\sum_{i=1}^{\infty} |\alpha_i|^2$, so geht $\sum_{i=m}^{n} |\alpha_i|^2 = \| \sum_{i=m}^{n} \alpha_i y_i \|^2$ gegen 0 für $n, m \to \infty$. $\sum_{i=1}^{n} \alpha_i y_i$ ist also eine Cauchyfolge und hat, da H vollständig ist, einen Limes.

Aus der Stetigkeit des Skalarproduktes folgt durch Grenzübergang

$$(4.9) \qquad \left\langle \sum_{i=1}^{\infty} \alpha_i y_i, \sum_{i=1}^{\infty} \beta_j y_j \right\rangle = \sum_{i=1}^{\infty} \alpha_i \bar{\beta}_i .$$

Ist $\{y_i\}$ ein Orthonormalsystem, so ist $z = x - \sum_{i=1}^{n} \langle x, y_i \rangle y_i$ orthogonal zu jedem $y_j (j \leqq n)$. Es folgt $\|x\|^2 = \|z\|^2 + \sum_{i=1}^{n} |\langle x, y_i\rangle|^2$ also $\|x\|^2 \geqq \sum_{i=1}^{n} |\langle x, y_i\rangle|^2$. Aus dieser Ungleichung ergibt sich, daß $\sum_{i=1}^{n} |\langle x, y_i\rangle|^2$ konvergiert, und daß

$$\sum_{i=1}^{\infty} |\langle x, y_i\rangle|^2 \leqq \|x\|^2 \text{ (Besselsche Ungleichung).} \tag{4.10}$$

Es existiert also ein

$$x' = \sum_{i=1}^{\infty} \langle x, y_i\rangle\, y_i.$$

$x - x'$ ist zu allen y_i und damit auch zu x' orthogonal. Es folgt $\|x\|^2 = \|x - x'\|^2 + \|x'\|^2$.

(4. 11) In (10) *gilt also genau dann Gleichheit*, wenn $x = x'$.

Wir nennen ein Orthonormalsystem *vollständig* im H-Raum, wenn jedes $x \in H$ sich in der Gestalt

$$x = \sum_{i=1}^{\infty} \langle x, y_i\rangle\, y_i \tag{4.12}$$

darstellen läßt.

Nun folgt ein wesentlicher Satz, den wir nur für separable H-Räume aussprechen und beweisen, da alle Beispiele von Räumen, die uns im folgenden beschäftigen werden, separabele sind, und der Beweis für den nicht separabelen Fall Begriffsbildungen notwendig macht, die wir hier vermeiden möchten.

(4. 13) *Jeder separable H-Raum besitzt wenigstens ein vollständiges orthonormales System.*

Beweis: In H existiert eine Folge von Vektoren $\{x_i,\}$ deren Linearkombinationen in H dicht liegen. Wir können außerdem annehmen, daß die x_i linear unabhängig sind, da wir die x_j, die von den vorangehenden abhängen, auslassen können.

Auf diese wenden wir nun ein sogenanntes Orthonormalisierungsverfahren an: Wir definieren induktiv

$$y_1' = x_1, \; y_1 = \| y_1' \|^{-1} y_1'$$

$$y_1' = x_n - \sum_{i=1}^{n-1} \langle x_n, y_i \rangle y_i \qquad y_n = \| y_n' \|^{-1} y_n'.$$

Wir zeigen: $y_n' \neq 0$ (d. h. y_n ist so festgelegt) und die y_n sind orthogonal.

Für $n = 1$ ergibt sich die Behauptung unmittelbar. Sie sei nun für $n - 1$ bereits bewiesen. y_n' ist offenbar zu allen y_j mit $j \leqq n - 1$ orthogonal. Außerdem kann es nicht verschwinden. Die linear unabhängigen $x_1, \ldots, x_n$ sind nämlich Linearkombinationen der $y_1, y_2, \ldots y_{n-1}, y_n'$. Dies ergäbe, wenn $y_n' = o$, einen Widerspruch (in der Dimension). $\{y_n\}$ ist also ein Orthonormalsystem. Die x_n sind Linearkombinationen der y_n. Also liegen auch deren Linearkombinationen dicht in H. Sei nun ein bel. $x \in H$ und ein ε gegeben. Dann gibt es ein n und Zahlen $\beta_1, \cdots, \beta_n$, so daß

$$\| x - \sum_{i=1}^{n} \beta_i y_i \|^2 \leqq \varepsilon^2.$$

Die linke Seite ohne das Quadrat ist gleich

$$\| x - \sum_{i=1}^{n} \langle x, y_i \rangle y_i + \sum_{i=1}^{n} (\langle x, y_i \rangle - \beta_i) y_i \|$$

$$\leqq \| x - \sum_{i=1}^{n} \langle x, y_i \rangle y_i \| + \| \sum_{i=1}^{n} (\langle x, y_i \rangle - \beta_i) y_i \|$$

also

$$\| x - \sum_{i=1}^{n} \langle x, y_i \rangle y_i \| \leqq \varepsilon.$$

Für jedes x gilt daher $x = \sum_{i=1}^{\infty} \langle x, y_i \rangle y_i$. Das Orthonormalsystem ist vollständig.

Wir beenden den Abschnitt mit einem Satz, der die Ergebnisse am Ende des vorigen Paragraphen verschärft:

(4. 14) *Sei M ein vollständiger Teilraum des separablen Hilbertraumes H; $x \in H - M$. Dann gibt es genau ein y_0 in M mit $\| x - y_0 \| = d(x, M)$ und $(x - y_0) \perp y$ für alle $y \in M$.*

Beweis: M ist ebenfalls ein separabler H-Raum und besitzt mithin ein vollständiges Orthonormalsystem y_i. Wir setzen $y_0 = \sum_{i=1}^{\infty} \langle x, y_i \rangle y_i$. Offenbar ist $x - y_0$ orthogonal zu jedem y_i und damit zu jedem $y \in M$. Daraus folgt:

$$\| x - y \|^2 = \| y - y_0 \|^2 + \| x - y_0 \|^2$$

und damit

$$d(x, M) \geqq \| x - y_0 \| > \| x - y \|,$$

also $d(x, M) \geqq \| x - y_0 \|$ und $\| x - y \| > d(x, M)$ für alle anderen y.

§ 5. Der Raum L_2

Wir haben im vorangehenden Abschnitt das Skalarprodukt $\langle f, g \rangle = \int f(t) \overline{g(t)}\, dt$ und damit die Norm $\| f \| = (\int | f(t) |^2 dt)^{\frac{1}{2}}$ eingeführt. Es ist klar, daß sich diese Norm für einen weiteren Bereich als nur den der stetigen Funktionen definieren läßt. Wir betrachten nun den Raum $L_2(a, b)$ aller Funktionen, die über dem abgeschlossenen Intervall $\langle a, b \rangle$ im Lebesgueschen Sinne meßbar sind, und für die $\int_a^b | f(t) |^2 dt$ (im Sinne von Lebesgue) existiert. Dabei sollen alle Funktionen, die sich nur auf einer Menge vom Maße Null unterscheiden, als gleich angesehen werden. Wir sprechen dabei auch von Gleichheit fast überall oder davon, daß eine Aussage fast überall gilt, und meinen damit, daß die Stellen, an denen sie nicht gilt, nur eine Menge vom Maße Null bilden.

Wir führen hier das Lebesguesche Integral ein, weil es uns erlaubt, die Theorie der Integralgleichungen möglichst einfach und umfassend darzustellen. Eine gewisse Kenntnis der Grundbegriffe des Lebesgueschen Integrales und der wichtigsten Sätze ist deshalb zu empfehlen*). Wir werden allerdings in den folgenden Paragraphen nur einige wenige dieser Sätze direkt anwenden, deren wichtigste wir hier zitieren:

Satz von Fubini.

(5. 1) Es existiere das Integral $\int\int f(s,t)\,ds\,dt$. Dann existieren $\int f(s,t)\,dt$ für fast alle s und $\int f(s,t)\,ds$ für fast alle t als integrierbare Funktionen in s bzw. t und es gilt:

$$\int\int f(s,t)\,ds\,dt = \int dt \int f(s,t)\,ds = \int ds \int f(s,t)\,dt$$ [1]).

Eine oft brauchbare Variante dieses Satzes ist:

(5. 2) Ist $f(s,t)$ meßbar und existiert eines der folgenden Integrale, so existieren sie alle:

$$\int\int |f(s,t)|\,ds\,dt,\quad \int ds \int |f(s,t)|\,dt,\quad \int dt \int |f(s,t)|\,ds$$ [2]).

(5. 3) *Schwarzsche Ungleichung.*

Existieren $\int |f(s)|^2 ds$ und $\int |g(s)|^2 ds$, so auch $\int f(s)\,g(s)\,ds$ und es gilt

$$\left|\int f(s)\,g(s)\,ds\right|^2 \leqq \int |f(s)|^2 ds \int |g(s)|^2 ds$$ [3]).

(5. 4) *Satz von Fatou.*

Sei $\{f_n\}$ eine Folge integrierbarer Funktionen die fast überall gegen eine Funktion f konvergiert. Es existiere ferner ein M, so daß $\int |f_n(s)|\,ds \leqq M$ für alle n.

Dann ist f integrierbar und $\int |f(s)|\,ds \leqq M$.

$L_2(a,b)$ ist ein linearer Raum.

Aus $|f(t)+g(t)|^2 \leqq 2|f(t)|^2 + 2|g(t)|^2$ folgt, daß mit f und g auch $f+g$ in L_2 liegt. Das Gleiche gilt für das Vielfache αf.

*) Diese lassen sich leicht aus der einschlägigen Literatur entnehmen. Wir werden im folgenden nötigenfalls Burkill, The Lebesgue Integral, Cambridge Tracts in Mathematic and Mathematical Physics, Nr. 40, 1951, zitieren.

[1]) Burkill, a. a. O. p. 63.

[2]) Burkill, a. a. O. p. 64.

[3]) Burkill, a. a. O. p. 65.

[4]) Burkill, a. a. O. p. 40 (in etwas anderer Form als hier).

Als Skalarprodukt definieren wir

$$\langle f, g\rangle = \int_a^b f(s)\,\overline{g(s)}\,ds .$$

Es existiert nach (5. 3.)

Zur Definition von $\langle f, g\rangle$, $f + g$ und αf bleibt noch zu bemerken, daß sie mit der in L_2 eingeführten Äquivalenz verträglich sind, d. h. sie ändern sich nicht, bzw. nur auf einer Menge vom Maße Null, wenn man f oder g auf einer Menge vom Maße Null abändert.

(5. 5) *L_2 ist ein Hilbertraum.*

Wir müssen nur noch die Vollständigkeit zeigen. Sei $\{f_n\}$ eine Cauchyfolge. Dann gibt es ein n_1, so daß

$$\int |f_n(t) - f_{n_1}(t)|^2 dt \leqq 2^{-3}$$

für $n > n_1$ und wir können induktiv ein $n_k > n_{k-1}$ finden, so daß

$$\int |f_n(t) - f_{n_k}(t)|^2 dt \leqq 2^{-3k} \text{ für } n > n_k .$$

Die Menge M_k aller t, für die $|f_{n_{k+1}}(t) - f_{n_k}(t)| \geqq 2$ muß daher ein Maß $\mu(M_k) \leqq 2^{-k}$ besitzen. Sei N_r die Vereinigung der $M_r, M_{r+1} \cdots$. N_r ist eine absteigende Folge meßbarer Mengen. Für ihr Maß gilt $\mu(N_r) \leqq \sum_{k=r}^{\infty} 2^{-k} = 2^{-r+1}$. Der Durchschnitt N aller N_r hat also das Maß 0. Wir behaupten nun: Außerhalb N konvergiert $\{f_{n_r}(t)\}$ gegen eine Funktion $f(t)$ aus L_2. Gehört t nicht zu N, dann gibt es ein r_0, so daß t auch nicht zu N_r gehört für alle $r > r_0$. Nach Definition der M_k und N_r gilt dann $\sum_{k=r}^{\infty} |f_{n_{k+1}}(t) - f_{n_k}(t)| \leqq \sum_{k=r}^{\infty} 2^{-k} = 2^{-r+1}$ für diese r. Die Reihe $\sum_{k=r}^{\infty} \left(f_{n_{k+1}}(t) - f_{n_k}(t)\right)$ konvergiert absolut außerhalb N. Es folgt, daß $\{f_{n_r}(t)\}$ konvergiert und fast überall, (nämlich außerhalb N) ein $f(t)$ definiert.

$\int |f_n(t)|^2 dt = ||f_n||^2$ ist beschränkt, da $\{f_n\}$ eine Cauchyfolge ist. Da $|f_{n_k}(t)|^2 \to |f(t)|^2$, folgt nun aus (5. 4), daß $\int |f(t)|^2 dt$ existiert. Nun konvergiert fast überall $|f_{n_r}(t) - f_{n_k}(t)|$ gegen $|f(t) - f_{n_k}(t)|$. Da für $r > k$ $\int |f_{n_r}(t) - f_{n_k}(t)|^2 dt < 2^{-3k}$ ist, folgt ebenfalls aus (5. 4), daß $\int |f(t) - f_{n_k}(t)|^2 dt < 2^{-k}$, d. h. $||f - f_{n_k}|| \to 0$.

Wir sprechen von der Konvergenz im Sinne der L_2-Norm oder auch von der Konvergenz im quadratischen Mittel. Offenbar folgt aus der gleichmäßigen Konvergenz die im quadratischen Mittel. Die Umkehrung gilt nicht (vgl. Aufg. 12).

(5. 6) *Der Raum L_2 ist separabel.*

Wir beweisen dies in einigen Schritten: Zuerst approximieren wir f durch beschränkte Funktionen, diese durch Linearkombinationen charakteristischer Funktionen meßbarer Mengen, diese wieder durch ebensolche von Intervallen und die letzteren schließlich durch stetige Funktionen; da wir bereits wissen, daß sich die stetigen Funktionen gleichmäßig und daher erst recht im quadratischen Mittel durch Polynome mit rationalen Koeffizienten approximieren lassen, wäre damit unsere Behauptung bewiesen. Sei $f \in L_2$ beliebig, $f_n(t) = f(t)$ für $|f(t)| \leqq n$ und $f_n(t) = 0$ sonst. Dann ist offenbar $\lim \int |f_n(t) - f(t)|^2 dt = 0$. Nehmen wir zuerst an, f sei beschränkt und reell. Der Wertebereich läßt sich in $m(\varepsilon)$ Intervalle I_μ der Länge ε aufteilen. Die Menge E_μ aller t für die $f(t) \in I_\mu$ ist, ist meßbar. Sei $\psi_\mu(t) = 1$ auf E_μ, $= 0$ sonst, $\xi_\mu \in I_\mu$, $g = \sum_{\mu=1}^{m} \xi_\mu \psi_\mu$. Dann ist $||f - g||^2 = \int |f(t) - g(t)|^2 dt < |b - a| \cdot \varepsilon^2$. E_μ läßt sich dem Maße nach beliebig gut durch eine offene Menge O_μ approximieren und diese wieder beliebig gut durch eine endliche Summe von Intervallen J_ν. Sei $\varphi_\nu(t) = 1$ in J_ν, $= 0$ sonst, M die Menge all der Punkte, die nicht in

$\Sigma J_\nu \frown E_\mu$, aber auch nicht außerhalb 0_μ liegen. Ihr Maß läßt sich durch passende Wahl von 0_μ und der J_ν beliebig klein machen, etwa kleiner als η. Dann ist

$$\int \left| \psi_\mu(t) - \sum_{\nu=1}^{n} \varphi_\nu(t) \right|^2 dt < \eta.$$

Schließlich bleibt nur, jedes φ_ν durch eine stetige Funktion zu approximieren. Dies ist aber trivial. Man braucht die Treppenfunktion nur an den Enden etwas „abzuschrägen".

Der komplexe Fall folgt nun sofort durch die Gleichung $|z|^2 = |\operatorname{Re}(z)|^2 + |\operatorname{Im}(z)|^2$ mit $z = f(t) - g(t)$. Damit können wir alle Ergebnisse des vorigen Paragraphen auf den Raum L_2 anwenden.

Aufgabe 16. Man zeige, daß die Polynome

$$P_n = \frac{d^n}{dx^n} x^n(1-x)^n$$

in $L_2(0,1)$ ein Orthogonalsystem bilden. Ist es vollständig?

Aufgabe 17. Man gebe durch Orthonormalisierung konkret die ersten Glieder eines Orthonormalsystems von Polynomen an!

Aufgabe 18. Man zeige: Die Funktionen

$$\frac{1}{\sqrt{2\pi}}, \quad \frac{1}{\sqrt{\pi}} \sin nt, \quad \frac{1}{\sqrt{\pi}} \cos nt$$

bilden ein vollständiges Orthonormalsystem im $L_2(-\pi, \pi)$. Man formuliere die Gleichungen (4. 12) und (4. 10) als Sätze über Fourierreihen.

Es ist leicht einzusehen, daß man statt des Intervalls $\langle a, b\rangle$ auch andere Integrationsbereiche wählen kann. Von Interesse ist für uns hauptsächlich noch das Quadrat $a \leqq s$, $t \leqq b$. Die Menge der Funktionen mit $\iint |k(s,t)|^2 ds\,dt < \infty$ bilden ebenfalls einen Hilbertraum, den wir mit $\mathfrak{L}^2(a, b)$ bezeichnen wollen. Das Skalarprodukt in $\mathfrak{L}^2$ ist entsprechend durch $(k_1, k_2) = \int\int k_1(s, t)\, \overline{k_2}(s, t)\, ds\, dt$ definiert. Seien f und $g \in L_2$. Wir definieren

$$f \otimes g\bigl(= (f \otimes g)(s, t)\bigr) = f(s)\, g(t).$$

Aus dem Satz von Fubini (5. 2) folgt nun

$$f \otimes g \in \mathfrak{L}^2, \; \|f \otimes g\| = \|f\|\, \|g\| \text{ und}$$

$$\langle f_1 \otimes g_1, f_2 \otimes g_2\rangle = \langle f_1, f_2\rangle\, \langle g_1, g_2\rangle.$$

(5. 7) *Seien $\{f_i\}$ und $\{g_j\}$ vollständige Orthonormalsysteme in L_2. Dann ist $\{f_i \otimes g_j\}$ ein vollständiges Orthonormalsystem in $\mathfrak{L}^2$.*

Beweis: Offenbar bildet mit $\{g_i\}$ auch $\{\bar{g}_i\}$ ein vollständiges Orthogonalsystem. Wir zeigen zuerst, daß die Linearkombinationen der $f_i \otimes g_j$ in $\mathfrak{L}^2$ dicht liegen. Wie oben können wir zuerst zeigen, daß die Linearkombinationen charakteristischer Funktionen von (in diesem Falle zweidimensionalen) Intervallen in $\mathfrak{L}^2$ dicht liegen. Eine solche charakteristische Funktion hat aber die Gestalt $f \otimes g$, wo f und g ihrerseits charakteristische Funktionen eindimensionaler Intervalle sind. Als solche liegen sie in L_2 und können durch Linearkombinationen der $f_i^{(s)}$ bzw. $g_j^{(t)}$ beliebig gut approximiert werden. Seien $\tilde{f}$ und $\tilde{g}$ solche Linearkombinationen. Dann ist offenbar $\tilde{f} \otimes \tilde{g}$ eine Linearkombination von Elementen $f_i \otimes g_j$, und es gilt, daß $\tilde{f} \otimes \tilde{g}$ gegen $f \otimes g$ geht mit $\tilde{f} \to f$ und $\tilde{g} \to g$. Damit ist jede charakteristische Funktion $f \otimes g \in \mathfrak{L}^2$ und somit jede beliebige Funktion aus $\mathfrak{L}^2$ durch Linearkombinationen der $f_i \otimes g_j$ approximierbar. Orthogonalität folgt aus $\langle f_i \otimes g_j, f_m \otimes g_n\rangle = \langle f_i, f_m\rangle\, \langle g_j, g_n\rangle$. Der Satz von Fubini ergibt für $k \in \mathfrak{L}^2$ zwar die Existenz von $\int |k(s, t)|^2 dt$ bzw. $\int |k(s, t)|^2 ds$, aber nur für fast alle s bzw. t. Dazu ist aber zu bemerken, daß man immer ein äquivalentes, d. h. höchstens auf einer Menge vom (zweidimensionalen) Maß Null abweichendes k finden kann, für das die Integrale existieren. (Man braucht nur k für die s und t, für die ursprünglich die Integrale nicht existieren, gleich Null zu setzen). Weiterhin wird mit $\| f \|$ immer die L_2-Norm gemeint sein, falls f eine integrierbare Funktion ist und aus dem Zusammenhang nichts anderes hervorgeht.

§ 6. Operatoren

Als letztes bleibt uns nun die Aufgabe, die durch die Matrix A in (1. 4) dargestellte Abbildung des R^n in sich durch einen entsprechenden Begriff in unseren Funktionenräumen zu ersetzen, der z. B. auch das Integral in (1. 1) enthält. Wir führen dazu Operatoren ein. Dies sind Abbildungen A eines Raumes R_1 in den gleichen oder einen anderen Raum R_2, den Bildraum. Wir schreiben $y = Tx$ (T oder $A, B \ldots$), wenn y das Bild von x ist. Diese Operatoren sollen linear sein:

$$A(\alpha_1 x_1 + \alpha_2 x_2) = \alpha_1 A x_1 + \alpha_2 A x_2. \tag{6. 1}$$

Sind R_1 und R_2 normierte Räume, so verlangen wir schließlich, daß A beschränkt ist:

(6. 2) $\| Ax \| \leqq M \| x \|$ für alle x und festes, geeignetes M.

Die untere Grenze aller dieser M nennen wir die Norm $\| A \|$ von A. Es ist offenbar

(6. 3) $\| A \| = \sup \| Ax \|$, wo x alle Vektoren von R mit $\| x \| = 1$ durchläuft. Es folgt

$$\| Ax \| \leqq \| A \| \, \| x \|. \tag{6. 4}$$

Aufgabe 19. Sei $R_1 = R_2 = \mathfrak{c}_0$, $A\{\alpha_n\} = \{\beta_n\}$ mit $\beta_n = \frac{1}{n+1} \alpha_{n+1}$ ($n \geqq 1$). Man zeige: A ist ein beschränkter linearer Operator. Man gebe die Norm von A an.

Aufgabe 20. $\mathrm{R}_1 = C(0,1)$, $\mathrm{R}_2 = \mathfrak{c}_0$, $Af = \{\alpha_n\}$, wo $\alpha_n = f\left(\frac{1}{n}\right) - f(0)$ $(n \geqq 1)$. Man zeige: A ist ein linearer beschränkter Operator. Man gebe die Norm von A an.

Aufgabe 21. $\mathrm{R}_1 = l_2$, $\mathrm{R}_2 = \mathfrak{c}_0$, $A\{\alpha_n\} = \{\beta_n\}$, wo $\beta_n = \frac{1}{\sqrt{n}\log n + 1} \sum_{\nu=1}^{n} \alpha_\nu$. Man zeige: a) A ist ein linearer beschränkter Operator. b) $\| A \| = (\log 2)^{-1}$. c) Es kann hier weder $\mathrm{R}_1 = \mathfrak{c}_0$ gesetzt werden, noch $\mathrm{R}_2 = l_2$.

Aufgabe 22. Sei ϑ der Teilraum aller differenzierbaren Funktionen f in $C(0,1)$ mit $f'(0) = 0$, $\mathrm{R}_1 = \vartheta$, $\mathrm{R}_2 = c_0$. Man zeige: $Af = \{\alpha_n\}$ mit $\alpha_n = n\left(f\left(\frac{1}{n}\right) - f(0)\right)$ ist linear, aber nicht beschränkt.

Aufgabe 23. $\mathrm{R}_1 = \mathrm{R}_2 = C(0,1)$, $Kf = g(s) = \int_0^1 k(s,t) f(t)\, dt$, wo $k(s,t)$ stetig in s und t ist. Man zeige: a) K ist ein linearer beschränkter Operator. b) $\| K \| = \max\limits_s \int_0^1 | k(s,t) |\, dt$.

Die Menge dieser beschränkten Abbildungen A bildet einen normierten Raum. Man definiert $\alpha A + \beta B$ durch $(\alpha A + \beta B)\, x = \alpha A x + \beta B x$. Offenbar ist dieser Operator linear und die linearen Operationen zwischen Operatoren erfüllen die üblichen Bedingungen. Es gibt auch einen Nulloperator $\hat{O}$, der durch $\hat{O} x = o$ definiert ist.

$$(6.5)\quad \| (\alpha A + \beta B)\, x \| \leqq \| \alpha A x \| + \| \beta B x \| \leqq (|\alpha|\, \| A \| + |\beta|\, \| B \|)\, \| x \|$$

zeigt, indem man links das Supremum nimmt, daß $\alpha A + \beta B$ beschränkt ist und die Operatornorm der Dreiecksungleichung genügt. Außerdem ist $\| A \| \geqq 0$ und aus $\| A \| = 0$

folgt $Ax = o$ für jedes x, also $A = \hat{0}$. Schließlich ergibt sich auf diese Weise

$$\|\alpha A\| \leqq |\alpha| \cdot \|A\| \text{ und für } \alpha \neq 0 \ \|A\| \leqq |\alpha|^{-1} \cdot \|\alpha A\|.$$

Daraus folgt $\|\alpha A\| = |\alpha| \cdot \|A\|$.

(6. 6) *Ist der Bildraum R_2 vollständig, so auch der Raum der beschränkten Operatoren.*

Beweis: Sei $\{A_n\}$ eine Cauchyfolge im Operatorenraum, x ein beliebiges Element aus R_1. Dann ist, wegen $\| A_m x - A_n x \| \leqq \| A_m - A_n \| \, \| x \|$, $\{A_n x\}$ eine Cauchyfolge in R_2. Diese konvergiert gegen ein y aus R_2.

Wir setzen $y = Ax$. Führen wir dies für jedes x durch, so haben wir eine Abbildung A von R_1 in R_2 definiert. In

$$A_n(\alpha_1 x_1 + \alpha_2 x_2) = \alpha_1 A_n x_1 + \alpha_2 A_n x_2$$

geht die linke Seite gegen $A(\alpha_1 x_1 + \alpha_2 x_2)$, die rechte gegen $\alpha_1 A x_1 + \alpha_2 A x_2$. Folglich ist A linear. A ist auch beschränkt: Da $\{A_n\}$ eine Cauchyfolge ist, ist $\| A_n \|$ beschränkt, etwa $\| A_n \| \leqq M$, infolgedessen gilt für alle n und x $\| A_n x \| \leqq M \| x \|$ und damit auch $\| Ax \| \leqq M \| x \|$, da die Norm stetig ist. Nun sei ε gegeben, n so groß, daß $\| A_n - A_m \| < \varepsilon$ für $m \geqq n$. Ist ein x gegeben, so läßt sich außerdem ein $m > n$ finden, für das $\|(A - A_m)x\| < \varepsilon \|x\|$ gilt. Es folgt $\|(A - A_n)x\| \leqq \|(A - A_m)x\| + \|(A_m - A_n)x\| < 2\varepsilon \|x\|$, also ist, da nur m von x abhängt $\| A - A_n \| \leqq 2\varepsilon$. Das heißt aber $\{A_n\}$ konvergent gegen A.

(6. 7) *Ist A beschränkt, so ist es stetig, d. h. aus $x_n \to x$ folgt $Ax_n \to Ax$.*

Dies folgt sofort aus $\| Ax_n - Ax \| \leqq \| A \| \, \| x_n - x \|$. Auch die Umkehrung gilt (vgl. Aufgabe 24).

Aufgabe 24. Man zeige, daß auch die Umkehrung gilt: Ist der lineare Operator stetig, so ist er beschränkt.

Wir führen nun eine Familie von Integraloperatoren ein, mit der wir uns noch öfter beschäftigen werden.

Wir betrachten die Funktionen $k(s, t)$, die sowohl in $L_2(s)$[1]) wie in $L_2(t)$ liegen und die als Elemente von $L_2(s)$ stetig in t und als Elemente von $L_2(t)$ stetig in s sind, d. h. es gilt

(6.8) $$\int | k(s, t) - k(s_0, t) |^2 dt \to 0 \text{ und}$$
$$\int | k(s, t) - k(s, t_0) |^2 ds \to 0$$

für $s \to s_0$ bzw. $t \to t_0$. Man kann dann übrigens zeigen, daß diese Stetigkeit gleichmäßig ist für s bzw. t. Sei

$$\psi(s) = \int k(s, t)\, \varphi(t)\, dt, \text{ wo } \varphi \in L_2.$$

Aus (5. 3) folgt, daß ψ existiert und, wegen

(6. 9) $$| \psi(s_0) - \psi(s) |^2 \leqq \int | \varphi(t) |^2 dt \cdot \int | k(s_0, t) - k(s, t) |^2 dt,$$

stetig in s ist.

Da k als Element von $L_2(t)$ stetig in s ist, ist es auch seine Norm, d. h. $\int | k(s, t) |^2 dt$ ist stetig in s, also existiert

$$\int\int | k(s, t) |^2 ds\, dt.$$

Wir haben bereits gesehen, daß $\psi(s) = \int k(s, t)\, \varphi(t)\, dt$ eine lineare Abbildung von $L_2(a, b)$ in $C(a, b)$ definiert. Wir behaupten:

Dieser Operator ist sogar beschränkt.

Dies folgt wieder aus (5. 3)

$$| \psi(s) |^2 \leqq \int | k(s, t) |^2 dt \int | \varphi(t) |^2 dt$$

Wir erhalten dann nämlich

$$\| \psi \|^2 \leqq M \| \varphi \|, \text{ wo } \int | k(s, t) |^2 dt \leqq M.$$

[1]) Mit der Schreibweise $L_2(s)$ deuten wir an, daß die Funktion bezüglich der Variablen s in L_2 liegt.

(6.10) *Den linearen Raum, der aus den hier eingeführten Integraloperatoren besteht, wollen wir in der Folge mit* $\tilde{C}$ *bezeichnen.* Wählen wir $R_1 = R_2$, so können wir im Raume der Operatoren sogar eine Multiplikation definieren:

$$(AB)\,x = A(Bx).$$

Man zeigt leicht, daß sie den üblichen Gesetzen genügt (Assoziativität, Distributivität). Ferner gibt es einen Einheitsoperator I: $Ix = x$. Für die Operatornorm gilt

$$\| AB \| \leqq \| A \| \, \| B \| . \tag{6.11}$$

Denn $\| ABx \| \leqq \| A \| \, \| Bx \| \leqq \| A \| \, \| B \| \, \| x \|$.

Hieraus folgt, daß die Multiplikation stetig ist:

(6.12) Aus $A_n \to A$ und $B_n \to B$ folgt $A_n B_n \to AB$. Denn $\| A_n B_n - AB \| \leqq \| A_n - A \| \cdot \| B \| + \| A_n \| \cdot \| B_n - B \| \to 0$ und damit $A_n B_n \to AB$.

Im Endlichdimensionalen entspricht dem die Multiplikation der Matrizen. Von daher wissen wir auch, daß wir im allgemeinen nicht $AB = BA$ erwarten dürfen.

Aufgabe 25. Man gebe die Potenzen des Operators A aus Aufgabe 19 an!

Aufgabe 26. Seien $k_1(s, t)$ und $k_2(s, t)$ wie in Aufgabe 23. a) Man bilde den Operator $K_1 K_2$. b) Sei $k_1(s, t) = s \cos \pi t$, $k_2(s, t) = t \sin \pi s$. Man bilde $K_1 K_2$ und $K_2 K_1$ und zeige, daß sie ungleich sind.

Im folgenden sei durchweg $R_1 = R_2 (= R)$ angenommen und der Raum der stetigen Operatoren mit $\mathfrak{B}(R)$ bezeichnet.

Damit ist unsere ursprüngliche Problemstellung (Gleichung (1.1)) zurückgeführt auf die Auflösung einer Gleichung $y = Ax$, wo y und x Elemente eines Funktionenraumes und A ein Integraloperator ist. Wie im Endlichdimensionalen ist diese Aufgabe eng mit der Umkehrung des Operators A verknüpft.

Wir sagen, der (beschränkte) Operator A besitzt eine Inverse A^{-1}, wenn es einen (beschränkten) Operator B gibt, der $AB = BA = I$ erfüllt.

Man zeigt leicht, daß es nur einen solchen Operator geben kann und setzt $B = A^{-1}$.

Wir können nun einige Aussagen machen.

Besitzt A eine Inverse, so hat die Gleichung $y = Ax$ immer eine eindeutige Lösung $x = A^{-1}y$. Dies ist eine Lösung: $AA^{-1}y = Iy = y$ und es ist die einzige: Aus $y = Ax$ folgt $A^{-1}y = A^{-1}Ax = Ix = x$. Insbesondere hat $Ax = o$ nur die Lösung $x = o$. Im Gegensatz zum endlich-dimensionalen Fall ist es hier aber möglich, daß die Gleichung zwar nur eindeutige Lösungen besitzt, aber nicht für alle y, oder aber auch, daß sie zwar für alle y, jedoch nicht eindeutig lösbar ist. Die vorhandenen Lösungen sind genau dann eindeutig, wenn $Ax = o$ nur die Lösung $x = o$ hat. Aus $Ax_1 = Ax_2 = y$ folgt nämlch $A(x_1 - x_2) = o$ und aus $Ax_0 = o$ $A(x_1 + x_0) = y$.

Aufgabe 27. $\mathfrak{R} = c_0$. $A\{\alpha_n\} = \{\beta_n\}$, $\beta_n = \alpha_{n-1} (n \geqq 2)$, $\beta_1 = 0$. Man zeige, daß $y = Ax$ für jedes y höchstens eine Lösung x besitzt, für einige y jedoch keine.

Aufgabe 28. Sei $\mathfrak{R} = c_0$, $A\{\alpha_n\} = \{\beta_n\}$, $\beta_n = \alpha_{n+1}$ $(n \geqq 1)$. a) Man zeige, daß $y = Ax$ für jedes y mehrere Lösungen besitzt. b) Existiert A^{-1} für den Operator aus Aufgabe 19?

Glücklicherweise können solche Abweichungen bei den Operatoren, die wir behandeln werden, nicht vorkommen. Unter geeigneten Voraussetzungen ist auch die Gleichung (1. 1) genau dann für alle f lösbar, wenn sie für $f = o$ nur die triviale Lösung besitzt. Ehe wir uns der Ableitung der entsprechenden Sätze zuwenden, wollen wir noch einige allgemeinere Ergebnisse zusammentragen.

Wir betrachten im folgenden den Operator $I - \lambda A$. Wenn seine Inverse existiert, nennen wir λ einen *Vollwert* (zu A).

Wir definieren dann für $\lambda \neq 0$ die *Resolvente* von A im Punkte λ, die wir mit $R_\lambda(A)$ oder kurz R_λ bezeichnen, durch $R_\lambda = -\lambda^{-1}(I - (I - \lambda A)^{-1})$ und erhalten so

(6.13) $$(I - \lambda A)^{-1} = I + \lambda R_\lambda .$$

Setzen wir $R_0 = A$, so gilt (6.13) auch für $\lambda = 0$. Wegen $(I - \lambda A)^{-1}(I - \lambda A) = (I - \lambda A)(I - \lambda A)^{-1} = I$ ergibt sich aus (6.13)

(6.14) $$R_\lambda - A = \lambda A R_\lambda = \lambda R_\lambda A .$$

Existiert umgekehrt ein Operator R_λ, der (6.14) erfüllt, so ist offenbar λ ein Vollwert und $(I - \lambda A)$ hat die Inverse $I + \lambda R_\lambda$.

Sind λ und μ Vollwerte, so gilt

(6.15) $$R_\mu - R_\lambda = (\mu - \lambda) R_\lambda R_\mu = (\mu - \lambda) R_\mu R_\lambda .$$

Beweis: Für $\lambda = 0$ oder $\mu = 0$ fällt (6.15) mit (6.14) zusammen. Für $\lambda\mu \neq 0$ geht man von

$$\mu(I - \lambda A) - \lambda(I - \mu A) = (\mu - \lambda) I$$

aus, multipliziert von links mit $(I - \lambda A)$ und von rechts mit $(I - \mu A)^{-1}$ (bzw. umgekehrt) und wertet dann aus.

Man macht sich die Bedeutung all dieser Identitäten am besten klar, wenn man die Operatoren durch Zahlenvariable ersetzt und die entstehenden rationalen Funktionen betrachtet.

Aufgabe 29. Man gebe die Vollwerte des Operators aus Aufgabe 27 an sowie seine Resolvente.

Bis jetzt haben wir noch nichts über die Existenz der Inversen ausgesagt. Diese liefert uns im allgemeinen Fall die Neumannsche Reihe:

Es liegt nahe, für $(I - \lambda A)^{-1}$ die Entwicklung

$$I + \lambda A + \lambda^2 A^2 + \cdots$$

anzusetzen. Nehmen wir einmal an, die Reihe konvergiert gegen einen Operator S. Sei $S_n = \sum_{\nu=0}^{n} \lambda^\nu A^\nu$ ihre n-te Teilsumme. Dann ist $\|S_{n+1} - S_n\| = |\lambda|^{n+1} \|A^{n+1}\|$ eine Nullfolge. Außerdem gilt

$$(I - \lambda A) S_n = S_n (I - \lambda A) = I - \lambda^{n+1} A^{n+1}.$$

Dies geht gegen I. Aus der Stetigkeit der Multiplikation folgt nun $(I - \lambda A) S = S(I - \lambda A) = I$, also $S = (I - \lambda A)^{-1}$.

Dort, wo die Neumannsche Reihe konvergiert, ist also λ Vollwert und

$$R_\lambda = \sum_{\nu=0}^{\infty} \lambda^\nu A^{\nu+1}.$$

Sei nun $|\lambda| < \|A\|^{-1}$. Dann ist $\|\lambda^n A^n\| \leqq |\lambda|^n \|A\|^n = q^n$, wo $q = |\lambda| \, \|A\|^{-1} < 1$. Es folgt

$$\|S_n - S_m\| = \left\|\sum_{m+1}^{n} \lambda^\nu A^\nu\right\| \leqq \sum_{m+1}^{n} \|\lambda^\nu A^\nu\| \leqq \sum_{m+1}^{n} q^\nu \leqq q^{m+1}(1-q)^{-1}.$$

Dies geht gegen 0, S_n ist also eine Cauchyfolge, λ mithin ein Vollwert.

Man kann dieses Ergebnis verallgemeinern:

Sei λ_0 ein Vollwert. Die Darstellung

$$R_\lambda = \sum_{\nu=0}^{\infty} (\lambda - \lambda_0)^\nu R_{\lambda_0}^{\nu+1} \tag{6.16}$$

gilt überall, wo die Reihe konvergiert, λ ist also dort ein Vollwert. Insbesondere konvergiert die Reihe für

$$|\lambda - \lambda_0| < \| R_{\lambda_0} \|^{-1}.$$

Daß die Reihe in dem angegebenen Bereich konvergiert, folgt auf die gleiche Weise wie oben. Nehmen wir nun an, daß sie konvergiert. S_n sei eine Teilsumme. Dann ist

$$\lambda_0 A R_{\lambda_0}^{\nu+1} = \lambda_0 R_{\lambda_0}^{\nu+1} A = R_{\lambda_0}^{\nu+1} - A R_{\lambda_0}^{\nu}$$

und daher

$$\lambda_0 A S_n = \lambda_0 S_n A = S_n - A - (\lambda - \lambda_0) A S_{n-1}.$$

Es ergibt sich

$$\begin{aligned} S_n - \lambda A S_n &= S_n - (\lambda - \lambda_0) A S_n - \lambda_0 A S_n \\ &= S_n - (\lambda - \lambda_0) A S_n - S_n + A + (\lambda - \lambda_0) A S_{n-1} \\ &= A - A(\lambda - \lambda_0)^{n+1} R_{\lambda_0}^{n+1}. \end{aligned}$$

Da die Reihe konvergiert, geht $(\lambda - \lambda_0)^{n+1} R_{\lambda_0}^{n+1}$ gegen $\hat{o}$. Es folgt $S - \lambda A S = A$ und analog $S - \lambda S A = A$. S ist die Resolvente und λ ein Vollwert.

Aufgabe 30. Man ermittle mit Hilfe der Neumannschen Reihe und Aufgabe 25 die Vollwerte des Operators aus Aufgabe 19.

(6. 17) Ist $(I - \lambda A) x = o$ für ein $x \neq o$, so bezeichnen wir λ als *Eigenwert* und x als einen dazugehörenden *Eigenvektor.*

Aufgabe 31. Man bestimme die Eigenwerte der Operatoren aus Aufgabe 27 und 28 sowie die dazugehörigen Eigenvektoren.

(6. 18) *Eigenvektoren zu verschiedenen Eigenwerten sind linear unabhängig.*

Beweis: Seien λ_i $(i = 1, \ldots, n-1, n)$ verschiedene Eigenwerte, x_i dazugehörende Eigenvektoren. Für $n = 1$ ist alles klar. Nehmen wir an, wir hätten den Satz bereits für $n - 1$ bewiesen, x_n jedoch hänge von den x_i $(i = 1, \ldots, n-1)$ ab:

$$x_n = \sum_{i=1}^{n-1} \alpha_i x_i$$

$$x_n - \lambda_n A x_n = \sum_{i=1}^{n-1} \alpha_i (x_i - \lambda_n A x_i) = \sum_{i=1}^{n-1} \alpha_i \left(1 - \frac{\lambda_n}{\lambda_i}\right) x_i \neq 0$$

im Gegensatz zur Voraussetzung, wonach $x_n - \lambda_n A x_n = o$.

§ 7. Vollstetige Operatoren

Betrachten wir wieder den Operator K aus $\tilde{C}$. Wir wissen schon, daß K den Raum L_2 in $C(a, b)$ abbildet. Sei nun $\{\varphi_\nu\}$ eine beschränkte Folge in L_2, d. h. $\|\varphi_\nu\| \leqq M$ für ein passendes M. Wir behaupten nun: $\{\psi_\nu = K\varphi_\nu\}$ besitzt eine (gleichmäßig) konvergente Teilfolge. Wie wir schon sahen, gilt $\int |k(s,t)|^2 dt \leqq M'^2$ und $|\psi(s)| \leqq M' \|\varphi\|$, wenn $\psi = K\varphi$. Es folgt

$$|\psi_\nu(s)| \leqq M' \cdot M,$$

die ψ_ν sind gleichartig beschränkt und außerdem gleichgradig stetig, da

$$|\psi_\nu(s+h) - \psi_\nu(s)|^2 \leqq \int |k(s+h,t) - k(s,t)|^2 dt\, M^2 < \varepsilon$$

unabhängig von ν für genügend kleines h.

Auf solche Folgen können wir den Satz von Ascoli anwenden, der aussagt, daß sich aus jeder Folge gleichartig beschränkter und gleichgradig stetiger Funktionen eine gleichmäßig konvergente Teilfolge wählen läßt.

(7. 1) Wir nennen einen Operator *vollstetig*, wenn er jede beschränkte Folge $\{x_n\}$ in eine Folge $\{y_n\}$ abbildet, die eine konvergente Teilfolge besitzt.

Weitere Beispiele:

Der oben behandelte Operator K aus $\tilde{C}$ ist auch vollstetig als Operator von L_2 in L_2 oder von C in C. Ist nämlich die Teilfolge von $\{K\varphi_\nu\}$ gleichmäßig konvergent, so erst recht im quadratischen Mittel. Ist umgekehrt $\| \varphi_\nu \|_c \leqq M$, dann ist auch

$$\| \varphi_\nu \| \leqq \sqrt{b-a}\, \| \varphi_\nu \|_c \leqq \sqrt{b-a}\, M .$$

(7. 2) *Jeder Operator, der einen Raum R_1 in einen endlichdimensionalen Teilraum eines R_2 abbildet, ist vollstetig.*

Denn jede beschränkte Folge wird wieder in eine beschränkte Folge abgebildet, diese besitzt aber eine konvergente Teilfolge.

Aufgabe 32. Sei $\mathfrak{R} = \mathfrak{c}_0$, $A\{\alpha_n\} = \{\beta_n\}$, $\beta_n = \frac{1}{n}\alpha_n$. Man zeige: A ist vollstetig. Man bestimme Vollwerte, Resolvente, Eigenwerte und zugehörige Eigenvektoren.

(7. 3) *Die vollstetigen Operatoren bilden einen linearen Teilraum des Raumes der beschränkten Operatoren.*

Beweis: Seien S und T vollstetig, $\{x_\nu\}$ eine beschränkte Folge. Dann existiert eine Teilfolge $\{x'_\nu\}$, für die $\{Sx'_\nu\}$ und hiervon wieder eine Teilfolge $\{x''_\nu\}$, für die $\{Tx''_\nu\}$ und damit auch $\{(S+T)\, x''_\nu\}$ konvergiert. Also ist $S+T$ vollstetig. Daß αT vollstetig ist, folgt unmittelbar.

Der Raum dieser Operatoren ist sogar abgeschlossen, d. h. jeder Limes einer Folge gehört auch zu diesem Raum.

Beweis: Sei $S = \lim T_k$, T_k vollstetig, $\{x_\nu\}$ eine beliebige beschränkte Folge. Es gibt eine Teilfolge $\{x_{1,\nu}\}$, so daß $\{T_1 x_{1,\nu}\}$ konvergiert. Diese besitzt wieder eine Teilfolge $\{x_{2,\nu}\}$ für die auch $\{T_2 x_{2,\nu}\}$ konvergiert, usw. Schließlich setzt man $x'_\nu = x_{\nu,\nu}$ und hat dann: $\{T_k x'_\nu\}$ konvergiert für jedes k. Wir behaupten, daß auch $\{Sx'_\nu\}$ konvergiert. Sei k so groß, daß $\| S - T_k \| < \varepsilon (2M)^{-1}$, wo $\| x'_\nu \| \leq M$. Dann ist $\| Sx'_n - Sx'_m \| = \| (S - T_k)\, x'_n - (S - T_k)\, x'_m - T_k(x'_n - x'_m) \|$ $\leqq \| (S - T_k)\, x'_n \| + \| S - T_k)\, x'_m \| + \| T_k (x'_u - x'_m) \|$ $< \varepsilon + \varepsilon + \varepsilon$, wenn wir n und m groß genug wählen.

(7.4) Schließlich gilt: *Mit S sind auch SA und AS vollstetig, wenn A nur beschränkt ist.*

Denn ist $\{x_\nu\}$ beschränkt, so auch $\{Ax_\nu\}$, also besitzt $\{SAx_\nu\}$ eine konvergente Teilfolge. Ebenso gibt es eine Teilfolge, für die $\{Sx_\nu\}$ konvergiert und damit auch $\{ASx_\nu\}$.

Da $\{x_\nu\}$ eine beliebige beschränkte Folge war, und $\{Sx'_\nu\}$ konvergiert, so ist S vollstetig.

Für vollstetige Operatoren ist es nun möglich, unsere Aussagen über die Gleichung $(I - \lambda A)\,x = y$ stark zu erweitern. Um sehr langwierige Beweisverfahren zu vermeiden, werden wir für den Beweis der nächsten beiden Sätze die Vollstetigkeit heranziehen.

(7.5) *λ ist entweder Eigenwert oder Vollwert. Die Eigenwerte haben keinen Häufungspunkt im Endlichen (sie sind isoliert).*

Den Beweis führen wir in mehreren Schritten. Wir zeigen zuerst:

Ist λ_0 Limes einer Folge von Vollwerten, so ist λ_0 entweder Eigenwert oder Vollwert.

Beweis: Wir können $\lambda_0 \neq 0$ annehmen. Nehmen wir an, es gäbe eine Folge von Vollwerten $\{\lambda_i\}$ mit $\lambda_i \to \lambda_0$ und $\| R_{\lambda_i} \| \leqq M$. Aus (6.15) folgt

$$\| R_{\lambda_m} - R_{\lambda_n} \| \leqq | \lambda_m - \lambda_n | \cdot M^2.$$

Die R_{λ_i} bilden eine Cauchyfolge. Sei S ihr Limes. Es ist

$$A = R_{\lambda_i} - \lambda_i A R_{\lambda_i} = R_{\lambda_i} - \lambda_i R_{\lambda_i} A.$$

Durch Grenzübergang folgt

$$A = S - \lambda_0 AS = S - \lambda_0 SA,$$

also ist S die Resolvente in $\lambda_0 : S = R_{\lambda_0}$. λ_0 ist Vollwert.

Gibt es keine solche Folge, so gilt $\| R_{\lambda_i} \| \to \infty$ für

$\lambda_i \to \lambda_0$. Daraus folgt $\| (I - \lambda_i A)^{-1} \| \to \infty$. Es gibt infolgedessen eine Folge $\{y_i\}$, für die der Quotient $\| y_i \|^{-1} \cdot \| x_i \|$ gegen ∞ geht, wo $x_i = (I - \lambda_i A)^{-1} y_i$. Dabei kann $\| x_i \|$ offenbar beliebig gewählt werden, sei etwa $\| x_i \| = 1$. Es folgt $\| y_i \| = \| (I - \lambda_i A) x_i \| \to 0$. Nun gibt es eine Teilfolge $\{x_i'\}$, für die $\{A x_i'\}$, also auch $\{\lambda_i A x_i'\}$ und damit auch $\{x_i' = (I - \lambda_i' A) x_i' + \lambda_i' A x_i'\}$ konvergiert. Es folgt $x_0 = \lim x_i' = 0 + \lim \lambda_i' A x_i' = \lambda A x_0$ und $\| x_0 \| = 1$. λ ist Eigenwert.

(7. 6) *Die Gesamtheit der Eigenvektoren aller Eigenwerte, die innerhalb eines vorgegebenen Kreises liegen, erzeugen einen endlichdimensionalen Teilraum.*

Es genügt zu zeigen, daß es nur endlich viele linear unabhängige Eigenvektoren x_ν mit Eigenwerten gibt, für die $| \lambda_\nu | <$ const. gilt. Angenommen, es gäbe eine nicht abbrechende Folge $x_1, x_2, \ldots$ solcher linear unabhängiger Eigenvektoren. Sei R_n der von $x_1, \ldots, x_n$ erzeugte Raum. Dann gibt es ein $y_n \in R_n$, $\| y_n \| = 1$, so daß $d(y_n, R_{n-1}) > \frac{1}{2}$.

$\{A y_\nu\}$ müßte eine konvergente Teilfolge haben. Wir zeigen jedoch, daß $\| A y_n - A y_m \| > (2C)^{-1}$ und führen damit einen Widerspruch herbei:

Es ist $y_n = \sum_{\nu=1}^{n} \alpha_\nu x_\nu$, also $A y_n = \sum_{\nu=1}^{n} \frac{\alpha_\nu}{\lambda_\nu} x_\nu \in R_n$

$$y_n - \lambda_n A y_n = \sum_{\nu=1}^{n} \alpha_\nu \left(1 - \frac{\lambda_n}{\lambda_\nu}\right) x_\nu = \sum_{\nu=1}^{n-1} \alpha_\nu \left(1 - \frac{\lambda_n}{\lambda_\nu}\right) x_\nu, \text{ also}$$

$y_n - \lambda_n A y_n \in R_{n-1}$. Sei $m < n$. Es folgt

$A y_n - A y_m = \lambda_n^{-1}(y_n - (y_n - \lambda_n A y_n + \lambda_n A y_m)) = \lambda_n^{-1}(y_n - z)$, wo $z \in R_{n-1}$. Also ist

$$\| A y_n - A y_m \| \geqq \tfrac{1}{2} | \lambda_n^{-1} | \geqq (2C)^{-1}.$$

Da die Eigenvektoren zu verschiedenen Eigenwerten linear unabhängig sind, folgt hieraus, daß in jedem endlichen Kreis nur endlich viele Eigenwerte sind. Damit ist der zweite Teil des Satzes (7. 5) bewiesen.

Sei nun λ_0 kein Eigenwert. Eine ganze Kreisscheibe um 0 besteht nur aus Vollwerten. Da es in jedem endlichen Bereich höchstens endlich viele Eigenwerte gibt, kann man einen Vollwert λ_1 finden, so daß auf der Verbindungsstrecke zwischen λ_0 und λ_1 kein Eigenwert liegt. Auf dieser Strecke ist der eine Endpunkt ein Vollwert. Mit einem Vollwert ist auch jeder Punkt in einer ganzen Umgebung Vollwert (6. 16). Also muß es, wenn die Strecke nicht nur aus Vollwerten bestehen soll, einen ersten Punkt geben, der es nicht ist. Dieser wäre aber Grenzwert von Vollwerten, also selbst Vollwert, was er ja gerade nicht sein sollte, oder Eigenwert. Auf der Strecke sollten aber keine Eigenwerte liegen. Also besteht die ganze Strecke aus Vollwerten, und damit ist auch λ_0 Vollwert.

Wir führen die Aussagen über die Eigenwerte etwas weiter:

Wir definieren $\mathfrak{N}_\lambda^m$ als den Teilraum all der x, für die $(I - \lambda A)^m x = o$ gilt. Die allgemeinen Aussagen über $(I - \lambda A)$ gelten auch für $(I - \lambda A)^m$. Die Eigenvektoren zu λ bilden also gerade den Raum $\mathfrak{N}_\lambda^1$. Offenbar ist

$$\mathfrak{N}_\lambda^1 < \mathfrak{N}_\lambda^2 < \mathfrak{N}_\lambda^3 < \cdots .$$

Ist für ein n $\mathfrak{N}_\lambda^n = \mathfrak{N}_\lambda^{n+1}$, so auch für alle größeren m, d. h. $\mathfrak{N}_\lambda^n = \mathfrak{N}_\lambda^m$ für $m \geqq n$.

Sei nämlich $x \in \mathfrak{N}_\lambda^m (m = n + 1 + k, k > 0), (I - \lambda A)^m x = (I - \lambda A)^{n+1} (I - \lambda A)^k x = o$,
also auch

$(I - \lambda A)^n (I - A)^k x = (I - \lambda A)^{n+k} x = o, \; x \in \mathfrak{N}_\lambda^{m-1}$.

Dies läßt sich so lange fortsetzen, bis $m - q = n$, also $x \in \mathfrak{N}_\lambda^n$.

Sehr nützlich ist auch die Annahme der Vollstetigkeit beim Beweis des nächsten Satzes.

(7. 7) *Jedes* $\mathfrak{N}_\lambda^m$ *ist endlichdimensional.*

Es gibt ein n, *so daß* $\mathfrak{N}_\lambda^n = \mathfrak{N}_\lambda^{n+1}$.

Es ist $(I - \lambda A)^m = I - U$, wo U offenbar ebenfalls vollstetig ist. Außerdem gilt $\mathfrak{N}_\lambda^m = \mathfrak{N}_\lambda^1(U)$. Dieses ist aber, wie wir bereits wissen, endlichdimensional.

Gibt es kein n mit der geforderten Bedingung, so sind alle $\mathfrak{N}_\lambda^m$ verschieden. Es gibt daher in jedem $\mathfrak{N}_\lambda^m$ ein y'_m mit $\| y'_m \| = 1$ und $d(y'_m, \mathfrak{N}_1^{m-1}) > \frac{1}{2}$. Außerdem ist $(I - \lambda A) y'_m \in \mathfrak{N}_\lambda^{m-1}$. Es gibt eine Teilfolge $\{y_{n'}\}$ von $\{y'_m\}$, für die $\{A y_n\}$ konvergiert. Wir führen einen Widerspruch herbei, indem wir $\| A y_n - A y_m \| > | 2\lambda |^{-1}$ beweisen:

$$\| A y_n - A y_m \| = | \lambda |^{-1} \| (y_n - (y_n - \lambda A y_n + \lambda A y_m)) \|$$
$$= | \lambda |^{-1} \| (y_n - z) \|, \text{ wo } z \in \mathfrak{N}_\lambda^{n+1}.$$

Es sei $m < n$.

Damit folgt die Behauptung.

Aufgabe 33. Sei $k(s, t) = 1 - \cos s + \cos (s - t)$. Man gebe die Eigenwerte und Eigenräume $\mathfrak{N}_\lambda^\nu$ an.

§ 8. Lineare Integralgleichungen

Nach den ausführlichen Vorbereitungen wenden wir uns nun der Gleichung (1. 1) zu.

Wir wählen dazu die Funktion $k(s, t)$ aus $\mathfrak{L}^2$ und $\varphi \in L_2$. Wir können $k(s, t)$ so wählen, daß $(\int | k(s, t) |^2 dt)^{1/2}$ für jedes s definiert ist und in $L_2(s)$ liegt. Dann folgt die Existenz von $K\varphi = \psi(s) = \int k(s, t)\, \varphi(t)\, dt = \langle k, \bar{\varphi} \rangle$, und es ist $| \psi(s) |^2 \leqq \int | k(s, t) |^2 dt \int | \varphi(t) |^2 dt$ und schließlich $\int | \psi(s) |^2 ds \leqq \iint | k(s, t) |^2 ds\, dt \int | \varphi(t) |^2 dt$, d. h.

(8. 1) $$\| K\varphi \| = \| \psi \| \leqq \| k \| \cdot \| \varphi \|.$$

Also liegt der Operator K in $\mathfrak{B}(\mathfrak{L}^2)$, und es gilt

$$\| K \| \leqq \| k \| . \tag{8. 2}$$

In (5. 7) haben wir gesehen, daß sich $k(s, t)$ im quadratischen Mittel durch Kerne der Gestalt $\sum_{i,j=1}^{n} \alpha_{ij}\, \varphi_i \otimes \psi_j$ approximieren läßt. Folglich gilt diese Approximation auch in $\mathfrak{B}(\mathfrak{L}^2)$. Diese sogenannten „ausgearteten" Kerne definieren aber vollstetige Operatoren. Es ist, wenn K_0 ein solcher Operator ist, für ein Element $x(s)$

$$K_0 x = \sum_{i,j=1}^{n} \alpha_{ij} \langle x, \overline{\psi}_j \rangle \varphi_i(s) . \tag{8. 3}$$

Also bildet K_0 den L_2 in den durch die φ_i erzeugten endlichdimensionalen Raum ab, K_0 ist daher vollstetig. Als Limes einer Folge vollstetiger Operatoren ist aber dann auch K vollstetig. Damit können wir alle Ergebnisse des vorangehenden Abschnittes auf unsere Integralgleichung anwenden.

Zuvor wollen wir K selbst noch weiter charakterisieren: Seien $\varphi_i(s)$ und $\psi_j(t)$ zwei vollständige Orthonormalsysteme des L_2, A ein beschränkter Operator. Durch $\alpha_{ij} = \langle A\varphi_i, \psi_j \rangle$ definiert jeder solche Operator eine unendliche Matrix. Umgekehrt ist er durch seine Matrix eindeutig bestimmt. Haben nämlich zwei Operatoren die gleiche Matrix, so verschwindet die Matrix ihrer Differenz D. Es ist also $\langle D\varphi_i, \psi_j \rangle = O$ für alle i und j. Es folgt $D\varphi_i = \sum_{j=1}^{\infty} \psi_j \langle D\varphi_i, \psi_j \rangle = o$ und $Dx = D \sum_{i=1}^{\infty} \langle x, \varphi_i \rangle \varphi_i = \sum_{i=1}^{\infty} \langle x, \varphi_i \rangle D\varphi_i = o$, d. h. $D = \hat{0}$. Natürlich gehört nicht jede Matrix zu einem beschränkten Operator. Die damit zusammenhängenden Fragen sind sehr schwierig. Glücklicherweise lassen sich die $K \in \mathfrak{B}(\mathfrak{L}^2)$ sehr einfach mit Hilfe ihrer Matrizen charakterisieren.

(8. 4) *Der Operator K läßt sich genau dann durch einen Kern $k(s, t)$ aus $\mathfrak{L}^2$ darstellen, wenn die zugeordnete Matrix quadratisch summierbar ist:* $\sum_{i,j=1}^{\infty} |\alpha_{ij}|^2 < \infty$, *und es gilt*

$$k = \sum_{i,j=1}^{\infty} \alpha_{ij} \bar{\varphi}_i \otimes \psi_j .$$

Wir wissen, daß die $\bar{\varphi}_i \otimes \psi_j$ in $\mathfrak{L}^2$ ein vollständiges Orthonormalsystem bilden. Folglich ist $k = \sum_{i,j=1}^{\infty} \beta_{ij} \bar{\varphi}_i \otimes \psi_j$ in $\mathfrak{L}^2$, und K daher auch in $\mathfrak{B}(\mathfrak{L}^2)$. Wir zeigen nun, daß (β_{ij}) die K zugeordnete Matrix ist. Dann konvergiert die Summe der Quadrate. Ist umgekehrt $\sum_{i,j=1}^{\infty} |\alpha_{ij}|^2$ konvergent, so existiert ein $k = \sum_{i,j=1}^{\infty} \alpha_{ij} \bar{\varphi}_i \otimes \psi_j$, und da die Matrix den Operator bestimmt, ist jeder Operator, der diese Matrix besitzt, von k dargestellt.

Sei also $k = \sum_{i,j=1}^{\infty} \beta_{ij} \bar{\varphi}_i \otimes \psi_j$. Dann ist $\langle K\varphi_i, \psi_j \rangle$ $= \sum_{k,l=1}^{\infty} \langle (\beta_{kl} \bar{\varphi}_k \otimes \psi_l) \varphi_i, \psi_j \rangle = \sum_{k,l=1}^{\infty} \langle \beta_{kl} \langle \varphi_i, \varphi_k \rangle \psi_l, \psi_j \rangle$ $= \sum_{l=1}^{\infty} \beta_{il} \langle \psi_l, \psi_j \rangle = \beta_{ij}$.

Aufgabe 34. Man berechne für den Kern $k(s, t) = st^2$ die Matrix, wo $\{\varphi_i\}$ und $\{\psi_i\}$ das System aus Aufgabe 18 ist. Man bestätige die quadratische Konvergenz der Matrix.

(8. 5) *Sind $K_1, K_2 \in \mathfrak{B}(\mathfrak{L}^2), K = K_1 K_2$, so läßt sich der Kern k explizit angeben:*

$$k(s, t) = \int k_1(s, \tau)\, k_2(\tau, t)\, d\tau .$$

Dies folgt aus dem Satz von Fubini:

Sei $f(t) \in L_2(t)$. Dann kann man k_1 und k_2 so wählen, daß $\int | k_2(\tau, t) f(t) | \, dt \in L_2(\tau)$, ebenso mit $k_1(s, \tau)$.

Es folgt

$$\int k_1(s,\tau) \int k_2(\tau,t) f(t)\, dt\, d\tau = \iint k_1(s,\tau)\, k_2(\tau,t)\, d\tau f(t)\, dt,$$

d. h. aber $K_1 K_2$ wird durch den Kern $k(s,t)$ dargestellt.

Ehe wir nun unseren Hauptsatz aussprechen, führen wir den adjungierten Kern ein:

(8. 6) Der zum Integraloperator K adjungierte Operator K^* wird durch den Kern $k^*(s,t) = \overline{k(t,s)}$ definiert.

Offenbar ist $K^{**} = K$, $(\alpha K_1 + \beta K_2)^* = \bar{\alpha} K_1^* + \bar{\beta} K_2^*$. Aus

$$\int \overline{k_1(t,\tau)}\, \overline{k_2(\tau,s)}\, d\tau = \int \overline{k_2(\tau,s)}\, \overline{k_1(\tau,s)}\, d\tau$$
$$= \int k_2^*(s,\tau)\, k_1^*(\tau,t)\, d\tau \quad \text{folgt}$$

(8. 7) $$(K_1 K_2)^* = K_2^* K_1^*.$$

Schließlich folgt wieder nach Fubini,

$$\int \overline{g(s)} \int k(s,t) f(t)\, dt\, ds = \iint k(s,t) f(t)\, \overline{g(s)}\, ds\, dt$$
$$= \iint \overline{k^*(t,s)\, g(s)}\, f(t)\, dt\, ds = \int f(t) \int \overline{k^*(t,s)\, g(s)}\, ds\, dt,$$

d. h.

(8. 8) $$\langle Kf, g\rangle = \langle f, K^* g\rangle.$$

Hauptsatz der Integralgleichungen:

(8. 9) Sei $k(s,t)$ ein quadratintegrierbarer Kern. Dann besitzen die (Fredholmschen) Gleichungen

(8. 10) $$f(s) = \varphi(s) - \lambda \int k(s,t)\, \varphi(t)\, dt$$

(8. 11) $$f(s) = \psi(s) - \bar{\lambda} \int \overline{k(t,s)}\, \psi(t)\, dt$$

entweder beide für jedes $f \in L_2$ eine eindeutige Lösung, oder beide haben eine nichttriviale Lösung für $f \equiv 0$. λ ist also genau dann Eigenwert für K, wenn $\bar{\lambda}$ dies für K^* ist. Die Eigenwerte häufen sich nicht im Endlichen.

Jedes λ, das nicht Eigenwert ist, ist Vollwert und hat als Resolvente einen Operator $R_\lambda \in \mathfrak{B}(\mathfrak{L}^2)$ mit dem „lösenden Kern" $r(s, t; \lambda)$.

(8. 12) *Die Resolvente der Adjungierten im Punkte $\bar{\lambda}$ ist die Adjungierte der Resolvente im Punkte λ.*

Der Beweis ist sehr einfach: Sei λ Vollwert für K. Dann existiert die Resolvente R_λ und erfüllt $R_\lambda = K + \lambda R_\lambda K$. Die rechte Seite liegt nach (6. 16) in $\mathfrak{B}(\mathfrak{L}^2)$, also auch R_λ. — Bezeichnen wir die Adjungierte von R_λ mit S, so folgt aus den Regeln für die Adjungierten und (6.14):

$\bar{\lambda}(KS^*)^* = \bar{\lambda} SK^* = S - K^*$. S ist also die Resolvente von K^* im Punkte $\bar{\lambda}$. $\bar{\lambda}$ ist also Vollwert für K^*. Berücksichtigen wir noch $K^{**} = K$ und $\lambda = \bar{\bar{\lambda}}$, so erhalten wir auch die entsprechende Aussage für die Eigenwerte.

Der Rest folgt nun aus der Tatsache, daß K und K^* vollstetig sind.

Aus (7. 6) folgt, daß zu jedem Eigenwert nur endlich viele linear unabhängige Eigenvektoren existieren. Für deren Anzahl q geben wir jetzt eine einfache Abschätzung:

Sei $k(s, t) \in L_2(t)$ für jedes s, $\{\varphi_i\}$ ein vollständiges Orthonormalsystem des q-dimensionalen Raumes der Eigenvektoren. Wenden wir (4. 6) auf $k(s, t)$ an, so erhalten wir aus der Besselschen Ungleichung

$$\int |k(s,t)|^2 \, dt \geqq \sum_{i=1}^{q} \left| \int k(s,t)\, \varphi_i(t)\, dt \right|^2 = \sum_{i=1}^{q} |\lambda_0|^{-2} \, |\varphi_i(s)|^2$$

$$q \leqq |\lambda_0|^2 \iint |k(s,t)|^2 \, ds\, dt = |\lambda_0|^2 \, \| k \| \, .$$

Dieses q nennen wir die Vielfachheit des Eigenwertes λ. Wir zeigen nun:

(8. 13) *Die Vielfachheit des Eigenwertes $\bar{\lambda}$ für den Operator K^* ist gleich der Vielfachheit von λ für K.*

Beweis: Seien r^* bzw. r diese Vielfachheiten. Nehmen wir an $r \leqq r^*$. Sonst würde man K und K^* vertauschen. Ist $r \neq r^*$, so muß $r^* = r + r'$ mit $r' > 0$ sein. Sei $\varphi_1, \ldots, \varphi_r$ ein vollständiges Orthonormalsystem von Eigenvektoren zu λ, $\chi_1, \ldots, \chi_r, \ldots, \chi_{r^*}$ ein ebensolches für $\bar{\lambda}$. Wir ersetzen K durch $\tilde{K} = K + \sum_1^r \chi_j \otimes \bar{\varphi}_i$*). Dann gilt

$$\langle (I - \lambda K)\, g, \chi_j \rangle = \langle g, (I - \bar{\lambda} K^*)\, \chi_j \rangle = \langle g, o \rangle = 0 \text{ für } j \leqq r^*.$$

Sei nun $(I - \lambda \tilde{K})\, g = o$, es folgt

$$0 = \langle (I - \lambda \tilde{K}) g, \chi_j \rangle = \langle (I - \lambda K)\, g, \chi_j \rangle - \lambda \sum_{i=1}^{r} \langle g, \varphi_i \rangle \langle \chi_i, \chi_j \rangle$$
$$= -\lambda \langle g, \varphi_j \rangle, \text{ also } \langle g, \varphi_j \rangle = 0 \text{ für } j \leqq r.$$

Daraus ergibt sich einmal $(I - \lambda \tilde{K})\, g = (I - \lambda K)\, g = o$. g muß daher Linearkombination der φ_i sein, zum andern aber ist $\langle g, \varphi_i \rangle = 0$, d. h. aber $g = o$. λ ist kein Eigenwert für $\tilde{K}$. Es ist also Vollwert für $\tilde{K}$, da $\tilde{K}$ ebenfalls aus $\mathfrak{B}(\mathfrak{L}^2)$. Es gibt infolgedessen ein φ mit $\chi_{r+1} = \varphi - \lambda \tilde{K} \varphi$.

$$1 = (\chi_{r+1}, \chi_{r+1}) = \langle (\varphi - \lambda \tilde{K} \varphi), \chi_{r+1} \rangle =$$
$$\langle (\varphi - \lambda K \varphi), \chi_{r+1} \rangle - \sum_{i=1}^{r} \langle \varphi, \varphi_i \rangle \langle \chi_i, \chi_{r+1} \rangle = 0.$$

Dies ist ein Widerspruch, also ist $r = r^*$.

(8. 14) *Ist $\lambda \neq \bar{\lambda}$, λ Eigenwert zu K, $\bar{\lambda}$ Eigenwert zu K^*, φ bzw. χ die dazugehörenden Eigenvektoren, so ist* $\langle \varphi, \chi \rangle = 0$.

Beweis: $\langle (I - \lambda K) \varphi, \chi \rangle = \langle o, \chi \rangle = 0 = \langle \varphi, \chi \rangle - \lambda \langle \varphi, K^* \chi \rangle$ $= \langle \varphi, \chi \rangle - \frac{\lambda}{\bar{\lambda}} \langle \varphi, \chi \rangle = \left(1 - \frac{\lambda}{\bar{\lambda}}\right) \langle \varphi, \chi \rangle$, also $\langle \varphi, \chi \rangle = 0$.

Für einen Vollwert ist (8. 10) eindeutig lösbar. Sei nun λ ein Eigenwert.

---

*) Wir verstehen unter $f \oplus g$ den Integraloperator mit der Kernfunktion $f \oplus g$.

(8. 15) (8. 11) *ist genau dann lösbar (wenn auch nicht eindeutig), wenn* $(f, \chi) = 0$ *für jeden Eigenvektor* χ *von* K^* *zum Eigenwert* $\bar{\lambda}$.

Ebenso ist (8. 10) *genau dann lösbar, wenn* $(\varphi, f) = 0$ *für alle Eigenvektoren* φ *von* K *zu* λ.

Beweis: Es genügt, die erste Aussage zu beweisen. Ist $f = (\varphi - \lambda K\varphi)$, so folgt

$$\langle f, \chi\rangle = \langle (I - \lambda K)\varphi, \chi)\rangle = \langle \varphi, (I - \bar{\lambda} K^*)\chi\rangle = \langle \varphi, o\rangle = 0.$$

Ist umgekehrt $\langle f, \chi\rangle = 0$ für alle Eigenvektoren χ, so führen wir wieder φ_i, χ_i und $\tilde{K}$ ein wie oben. λ ist Vollwert für $\tilde{K}$, also existiert ein φ mit $(I - \lambda\tilde{K})\varphi = f$. Aus $\langle (I - \lambda K)\varphi, \chi_i\rangle = \langle \varphi, (I - \bar{\lambda} K^*)\chi_i\rangle = 0$ und $\langle (I - \lambda\tilde{K})\varphi, \chi_i\rangle = \langle f, \chi_i\rangle = 0$ folgt $\langle (K - \tilde{K})\varphi, \chi_i\rangle = 0$ und damit $\langle \varphi, \varphi_i\rangle = 0$. Also ist $(I - \lambda\tilde{K})\varphi = (I - \lambda K)\varphi = f$. Im übrigen ist diese Lösung natürlich nur bis auf Eigenfunktionen φ_0 zum Eigenwert λ_0 bestimmt.

Zum Schluß dieses Abschnittes wollen wir noch kurz auf die Kerne aus $\mathfrak{C}^2$ eingehen, über die wir etwas mehr aussagen können. Mit $\mathfrak{C}^2$ bezeichnen wir den Raum der in $a \leqq s, t \leqq b$ stetigen Funktionen $k(s, t)$.

Da $\mathfrak{C}^2 < \mathfrak{L}^2$, gilt alles, was wir bis jetzt festgestellt haben, auch für diese Kerne.

Wir zeigen zuerst: Sei $H = KK_1 = K_2K'$ mit $K, K' \in \mathfrak{B}(\mathfrak{C}^2)$ $K_1, K_2 \in \mathfrak{B}(\mathfrak{C}^2)$. Dann ist $H \in \mathfrak{B}(\mathfrak{C}^2)$. Die zugehörige Kernfunktion $h(s, t)$ ist sogar in s und in t stetig. Sind beide Faktoren in $\mathfrak{B}(\mathfrak{C}^2)$, so ist sogar $h(s, t)$ stetig im (s, t) Produktraum.

Beweis: $|h(s, t) - h(s', t)|^2$

$$\leqq \int |k(s, \tau) - k(s', \tau)|^2 \, d\tau \int |k_1(\tau, t)|^2 \, d\tau.$$

Wir können $k(\tau, t) \in L_2(\tau)$ wählen. Damit folgt die Stetigkeit in s. Die Stetigkeit in t ergibt sich analog. Sind beide Faktoren aus $\mathfrak{B}(\mathfrak{C}^2)$, so ist

$$|h(s,t) - h(s',t')| \leqq |h(s,t) - h(s,t')| + |h(s,t') - h(s',t')|$$
$$\leqq [\int |k(s,\tau)|^2 d\tau \cdot \int |k_1(\tau,t) - k_1(\tau,t')|^2 d\tau]^{1/2} +$$
$$[\int |k(s,\tau) - k(s',\tau)|^2 d\tau \int |k_1(\tau,t')|^2 d\tau]^{1/2} \int |k(s,\tau)|^2 d\tau$$

und $\int |k(\tau, t)|^2 d\tau$ sind beschränkte Funktionen in s bzw. t. Die anderen Glieder gehen gegen 0 mit $s \to s'$, $t \to t'$. Damit ist die Behauptung bewiesen.

Nun können wir K und seine Adjungierte betrachten. K^* liegt offenbar auch in $\mathfrak{B}(\mathfrak{C}^2)$. Ist (8. 10) für $f \in C$ mit $\varphi \in L_2$ lösbar, so liegt wegen $K\varphi \in C$ auch φ in C. R_λ liegt ebenfalls in $\mathfrak{B}(\mathfrak{C}^2)$, da $R_\lambda = K + \lambda R_\lambda K = K + \lambda K R_\lambda$. Hat umgekehrt K als Operator in $\mathfrak{B}(\mathfrak{C}^2)$ einen Eigenwert, so liegt der dazugehörende Eigenvektor ebenfalls in C, da $\varphi = \lambda K \varphi$.

(8. 16) K verhält sich also als Operator in $\mathfrak{B}(\mathfrak{C}^2)$ genau so wie als Operator in $\mathfrak{B}(\mathfrak{L}^2)$ und genügt dort auch den gleichen Sätzen.

Der Kern $r(s, t; \lambda) - k(s, t)$ ist sogar *in beiden Variablen stetig* wegen $R_\lambda - K = \lambda K R_\lambda = \lambda R_\lambda K$.

§ 9. Lösungsverfahren mit Beispielen

Beispiel eines ausgearteten Kernes.

1). $k(s, t) = s + st = s(1 + t)$, Intervall $(0, 1)$. Die Lösung von $\varphi(s) - \lambda s \int_0^1 (1 + t)\varphi(t)\, dt = f(s)$ ist von der Gestalt $\varphi(s) = f(s) + c_1 s$. Dies eingesetzt ergibt

$$c_1 s - \lambda s \int_0^1 (1 + t) f(t)\, dt - \lambda c_1 s \int_0^1 t(1 + t)\, dt = 0$$

$$c_1(1 - \lambda\, {}^5/_6) = \lambda \int_0^1 (1 + t) f(t)\, dt.$$

Eigenwert: $\lambda_0 = {}^6/_5$; Eigenfunktion: $\varphi(s) = \text{const} \cdot s$. Für alle $\lambda \neq \lambda_0$ heißt die eindeutige Lösung

$$\varphi(s) = f(s) + \left(\lambda s \int_0^1 (1 + t) f(t)\, dt\right) : (1 - {}^5/_6 \lambda).$$

2). $k(s, t) = \alpha s + \beta t$, Intervall $(0, 1)$.

$$\varphi(s) - \lambda \alpha s \int_0^1 \varphi(t)\, dt - \lambda \beta \int_0^1 t \varphi(t)\, dt = f(s).$$

Ansatz: $\varphi_1(s) = f(s) + c_1 s + c_2$

$$c_1 s + c_2 - \lambda \int_0^1 (\alpha s + \beta t) f(t) dt - \lambda \int_0^1 (\alpha s + \beta t)\ (c_1 t + c_2) dt = 0.$$

Koeffizientenvergleich ergibt 2 Gleichungen zur Bestimmung von c_1 und c_2:

$$c_1 (1 - \lambda \alpha \int_0^1 t dt) - c_2 \lambda \alpha \int_0^1 dt = \lambda \alpha \int_0^1 f(t)\, dt$$

$$- c_1 \lambda \beta \int_0^1 t^2 dt + c_2 (1 - \lambda \beta \int_0^1 t dt) = \lambda \beta \int_0^1 t f(t)\, dt.$$

Die Hauptdeterminante hat den Wert

$$D(\lambda) = -\frac{1}{12} \alpha \beta \lambda^2 - \frac{1}{2} (\alpha + \beta) \lambda + 1.$$

$D = 0$ ergibt

$$\lambda_{1,2} = -\frac{3}{\alpha \beta} \left(\alpha + \beta \pm \sqrt{\alpha^2 + \frac{10}{3} \alpha \beta + \beta^2}\right)$$

als Eigenwerte. Daraus erhält man als Eigenfunktionen

$$\varphi_{1,2} = (2 \lambda_{1,2} \alpha / 2 - \lambda_{1,2} \alpha)\, s + 1.$$

Die auftretenden Nebendeterminanten sind

$$D_1 = \alpha \lambda \left[\left(1 - \frac{1}{2} \beta \lambda\right) \int_0^1 f(t)\, dt + \beta \lambda \int_0^1 t f(t)\, dt \right]$$

$$D_2 = \beta \lambda \left[\left(1 - \frac{\alpha \lambda}{2}\right) \int_0^1 t f(t)\, dt + \frac{1}{3} \alpha \lambda \int_0^1 f(t)\, dt \right].$$

Für alle $\lambda \neq \lambda_{1,2}$ hat man somit die Lösung

$$\varphi(s) = f(s) + \frac{D_1}{D} s + \frac{D_2}{D}.$$

Nach diesem Muster verfährt man im allgemeinen Fall des ausgearteten Kernes. Ist

$$k(s, t) = \sum_{\nu=1}^{n} \alpha_\nu(s) \beta_\nu(t)$$

vorgelegt, so gehe man von der kürzesten Darstellung aus, d. h. man sehe, welche Dimension der Raum $\bigl(\alpha_1(s), \ldots, \alpha_n(s)\bigr)$ hat, etwa n_1 und entsprechend der Raum $\bigl(\beta_1(t), \ldots, \beta_n(t)\bigr)$ etwa n_2. $m = min\,(n_1, n_2)$ ergibt dann eine Darstellung

$$\sum_{\nu=1}^{m} \tilde{\alpha}_\nu(s) \tilde{\beta}_\nu(t),$$

wobei für $n_1 < n_2$, die $\tilde{\alpha}_\nu$ linear unabhängig sind. Hätte jetzt der Raum $(\tilde{\beta}_1, \ldots, \tilde{\beta}_m)$ eine niedrigere Dimension als m, so könnte man noch einmal die Summandenzahl auf $m' < m$ erniedrigen, bis man zu einer kürzesten Darstellung käme, bei der sowohl die $\tilde{\alpha}_\nu(s)$ unter sich, wie die $\tilde{\beta}_\nu(t)$ linear unabhängig sind. Eine solche kürzeste Darstellung liege immer vor:

$$k(s, t) = \sum_{\nu=1}^{n} \alpha_\nu(s) \beta_\nu(t).$$

Die Aufgabe, $\varphi(t)$ zu finden bei gegebenem f, wobei

$$\varphi(s) - \lambda \int_a^b k(s, t) \varphi(t)\, dt = f(s)$$

gelten soll, ergibt zunächst

$$\varphi = f + \lambda \sum_{\nu=1}^{n} \alpha_\nu(s)\, c_\nu \qquad \left(c_\nu = \int_a^b \beta_\nu(t) \varphi(t)\, dt\right).$$

Zwecks Berechnung der c_ν geht man mit diesem Ansatz in die erste Gleichung zurück und erhält

$$\lambda \sum_{\nu=1}^{n} \alpha_\nu(s)\, c_\nu - \lambda \sum_{\nu=1}^{n} \alpha_\nu(s) \left[\int_a^b \beta_\nu(t) f(t)\, dt + \sum_{\varrho=1}^{n} \lambda c_\varrho \int_a^b \beta_\nu \alpha_\varrho\, dt \right] = 0,$$

$$\sum_{\nu=1}^{n} \alpha_\nu(s) [c_\nu - \lambda \sum_{\varrho=1}^{n} c_\varrho C_{\varrho\nu} - \int_a^b \beta_\nu(t) f(t)\, dt] = 0$$

mit
$$C_{\varrho\nu} = \int_a^b \alpha_\varrho(t)\, \beta_\nu(t)\, dt.$$

$$c_\nu - \lambda \sum_{\mu=1}^{n} c_\mu C_{\mu\nu} = \int_a^b \beta_\nu(t) f(t)\, dt \qquad (\nu = 1, \ldots, n)$$

ist dann das Gleichungssystem zur Bestimmung der c_ν. Nach diesem Verfahren berechne man mit $n = 1$ die Fälle

1) $k(s, t) = 2e^{s+t}$; $f(t) = e^t$, $0 \leqq s, t \leqq 1$
2) $k(s, t) = 1 \cdot t$; $f = t^3$, $0 \leqq s,\ t \leqq 4$
3) $n = 2$: $k(s, t) = 1 + \sin s \sin t$; $f(t) = t$, $0 \leqq s, t \leqq \pi$
4) $n = 3$: $k(s, t) = (s - t)^2$; $f(t) = t$; $0 \leqq s, t \leqq 1$.

Lösung zu 1) $c_1 = (e^2 - 1) : 2\left(1 - \lambda(e^2 - 1)\right)$, $\varphi(s) = e^s + 2\lambda c_1 e^s$. Eigenwert: $\lambda_0 = (e^2 - 1)^{-1}$; Eigenfunktion: $\varphi = e^s$; $\chi = e^t$.

Lösung zu 2) $c_1 - \lambda 8 c_1 = 4^4/_5$; $\varphi = s^3 + \lambda c_1$; Eigenwert $\lambda_0 = {}^1/_8$. Eigenfunktion: $\varphi = c$, $\chi = tc$.

Lösung zu 3) $2\, c_1 = \pi\left(1 + \pi(2 - \lambda\pi)\right) : \left((2 - \lambda\pi)(1 - \lambda\pi) - 8\lambda^2\right)$ $c_2 = c_1(1 - \lambda\pi) : 2\,\lambda - \pi^2$; $4\lambda\varphi = s + \lambda(c + c_2 \sin s)$. Eigenwerte

$$\lambda_0 = -\frac{3\pi}{2(\pi - 8)} \pm \sqrt{\frac{9\pi^2}{4(\pi - 8)^2} - \frac{2}{\pi - 8}}.$$

Lösung zu 4)

$$\varphi(s) = s + c_1 s^2 + c_2 s + c_3$$

$$\left(1 - \frac{1}{3}\lambda\right) c_1 - \frac{1}{2}\lambda c_2 - \lambda c_3 = \frac{1}{2}\lambda$$

$$-\frac{1}{2}\lambda c_1 + \left(1 - \frac{2}{3}\lambda\right) c_2 - \lambda c_3 = \frac{2}{3}\lambda$$

$$-\frac{1}{5}\lambda c_1 - \frac{1}{4}\lambda c_2 + \left(1 - \frac{1}{3}\lambda\right) c_3 = \frac{1}{4}\lambda$$

$$D(\lambda) = \frac{1}{1080}\lambda^3 - \frac{13}{90}\lambda^2 - \frac{4}{3}\lambda + 1.$$

Drei Eigenwerte $\lambda_{1,2,3}$.

Volterrasche Kerne; Systeme Fredholmscher Gleichungen; uneigentlich singuläre Kerne

Für den besonderen Fall $k(s,t) \equiv 0$ für $t > s$ geht die Fredholmsche Gleichung (8.10) über in die besonders einfache Volterrasche Gleichung

$$\varphi(s) - \lambda \int_a^s k(s,t)\,\varphi(t)\,dt = f(s).$$

Sie hat keinen Eigenwert; denn die Reihe für $r(s,t;\lambda)$ konvergiert für alle λ. Zum Beweise dessen stellt man zunächst fest, daß die iterierten Kerne ebenfalls Volterrakerne sind. Durch Induktion schließt man (für $t \leqq s$)

$$k_n(s,t) = \int_t^s k(s,\tau)\,k_{n-1}(\tau,t)\,d\tau,\; k_n(s,t) = 0 \text{ (für } s < t).$$

Also ist

$$|\,k_n(s,\tau)\,|^2 \leqq \int_t^s |\,k_{n-1}(\tau,t)\,|^2 d\tau \int_t^s |\,k(s,\tau)\,|^2 d\tau = C^2 \int |\,k_{n-1}(\tau,t)\,|^2\,d\tau.$$

Gilt nun $\quad |\,k_{n-1}(\tau,t)\,| < C^{n-1} \dfrac{(\tau-t)^{\frac{n-1}{2}}}{\sqrt{(n-1)!}}$,

so folgt

$$|\,k_n(s,\tau)\,|^2 \leqq \frac{C^{2n}}{(n-1)!} \int_t^s (\tau - t)^{n-1} d\tau = C^{2n} \frac{(s-t)^n}{n\,!}.$$

Die Reihe für die Resolvente

$$r = k + \sum_{n=0}^{\infty} \lambda^n k_{n+1}$$

ist daher für alle λ konvergent. Die inhomogene Gleichung

$$\varphi(s) - \lambda \int_a^s k\varphi\, dt = f(s) \qquad (f \in L_2)$$

ist immer und eindeutig lösbar. Das gleiche gilt für die transponierte Gleichung.

Ist k beschränkt, so hat man die einfachere Abschätzung

$$| k_n(s, t) | < M^n \frac{(s-t)^n}{n!}.$$

Jede lineare Differentialgleichung n-ter Ordnung mit der Anfangsbedingung $y(0) = \cdots = y^{(n-1)}(0) = 0$ ist äquivalent einer Volterraschen Integralgleichung.

Der Beweis beruht auf der bekannten Identität

$$y^{(r)}(x) = \frac{1}{(n-r-1)!} \int_0^x (x-u)^{n-r-1} y^{(n)}(u)\, du \qquad (0 \leqq r \leqq n-1),$$

wobei $\qquad y(0) = \cdots = y^{(n-1)}(0) = 0.$

Wird $\varphi = y^{(n)}(x)$ gesetzt, so geht

$$y^{(n)} - p_1(x)\, y^{(n-1)} \cdots - p_n(x)\, y = f(x); \qquad y(0) = \cdots = y^{(n-1)}(0) = 0$$

über in

$$\varphi(x) - \int_0^x \sum_{r=1}^n \frac{1}{(n-r-1)!} (x-u)^{n-r-1} p_r(x)\, \varphi(u)\, du = f(x),$$

und umgekehrt kommt man von der letzten Gleichung zur Differentialgleichung mit Anfangsbedingungen.

Aufgabe 35: Die allgemeine Anfangsbedingung $y^{(r)}(0) = a_r$ ist zurückzuführen auf die obige Aufgabe.

Randwertbedingungen (statt der Anfangsbedingungen) bei linearen Differentialgleichungen lassen sich mit Hilfe der *zugehörigen* Greenschen Funktion $G(x, y)$ auf eine

Fredholmsche Integralgleichung zurückführen mit dem Kern $K(x, y) = G(x, y)$. (Siehe dazu Hoheisel, Gew. Diffgl. Bd. 902 Göschen. 6. Aufl. p. 66). Tritt an die Stelle der Differentialgleichung ein Simultansystem, so führt die *zugehörige* Greensche Matrix $\mathfrak{G}(x, t)$ der Ordnung (n, n) die Aufgabe auf das System von Fredholmschen Gleichungen

$$\mathfrak{y}(x) = \int_a^b \mathfrak{G}(x, t)\, \mathfrak{y}(t)\, dt + \mathfrak{f}(x)$$

$$\mathfrak{y} = (y_1, \ldots, y_n); \; \mathfrak{f} = (f_1, \ldots, f_n)$$

zurück. Die Alternativsätze und die gesamte Theorie bleiben für ein solches System gültig, weil ja nur an Stelle des Raumes $\mathfrak{L}^2$ der Raum der n-komponentigen Vektorfunktionen ${}_n\mathfrak{L}^2$ tritt. Verfahrensmäßig kann man nach dem Vorbild von Fredholm das obige System von Integralgleichungen zurückführen auf die Lösung einer einzigen Integralgleichung.

Das Gleichungssystem

$$(9.1)\quad \varphi_\mu(s) + \int_a^b \sum_{\nu=1}^n f_{\mu\nu}(s, t)\, \varphi_\nu(t)\, dt = \psi_\mu(s), \quad (\mu = 1, \ldots, n)$$

kann folgendermaßen auf eine einzige Gleichung zurückgeführt werden. Man definiert eine Funktion $F(s, t)$ durch die n^2 Bedingungen

$$F(s, t) = f_{\mu\nu}(s + (\mu - 1)a - (\mu - 1)b,\; t + (\nu - 1)a - (\nu - 1)b)$$

$$\text{für } a < \begin{matrix} s + (\mu - 1)\,a - (\mu - 1)\,b \\ t + (\nu - 1)\,a - (\nu - 1)\,b \end{matrix} < b,$$

und eine Funktion Ψ durch die n Bedingungen

$$\Psi(s) = \psi_\mu(s + (\mu - 1)\,a - (\mu - 1)\,b)$$

$$\text{für } a < s + (\mu - 1)\,a - (\mu - 1)\,b < b.$$

Die Gleichung

$$(9.2)\qquad \Phi(s) + \int_a^{a+n(b-a)} F(s, t)\, \Phi(t)\, dt = \Psi(s)$$

hat unter geeigneten Voraussetzungen über $F(s, t)$ (vgl. Fredholm, Acta Math., 27 (1903) 365—390) eine eindeutige Lösung $\Phi(s)$.

Definiert man dann die Funktionen $\varphi_\mu(s)$ durch

$$\varphi_\mu\big(s + (\mu - 1)\,a - (\mu - 1)\,b\big) = \Phi(s)$$

$$\text{für } a < s + (\mu - 1)\,a - (\mu - 1)\,b < b,$$

so erkennt man, daß diese Funktionen das gegebene System erfüllen.

Man sieht auch, daß dies die einzige Lösung ist, die das gegebene System erfüllen kann, denn andernfalls erhielte man eine andere Funktion $\Phi(s)$, die die Gleichung (9. 2) erfüllt, was aber nicht möglich ist. Das Gleichungssystem ist also äquivalent mit der einzigen Gleichung (9. 2).

Hat ein Kern nicht die Eigenschaften, die für die Gültigkeit der Alternativsätze notwendig sind, wohl aber ein iterierter Kern (als erster etwa k_n), so heißt k *uneigentlich singulär*.

Um nun die Aufgabe

$$\varphi(s) - \lambda \int k(s, t)\,\varphi(t)\,dt = f(s) \tag{9.3}$$

zu lösen, (sofern sie sinnvoll ist), sucht man zunächst in der üblichen Weise zu iterierten Kernen zu kommen, z. B.

$$\int_a^b k(\sigma, s)\,\varphi(s)\,ds - \lambda \int_a^b k_2(\sigma, t)\,\varphi(t)\,dt = \int_a^b k(\sigma, s)\,f(s)\,ds$$

$$\varphi(\sigma) - \lambda^2 \int_a^b k_2(\sigma, t)\,\varphi(t)\,dt = f(\sigma) + \lambda \int_a^b k(\sigma, s)\,f(s)\,ds.$$

So ergibt sich schließlich

$$\varphi(s) - \lambda^n \int_a^b k_n(s, t)\,\varphi(t)\,dt = f(s) + \lambda \int_a^b k(s, t)\,f(s) \tag{9.4}$$

$$+ \lambda^2 \int k_2(s, t)\,f(t)\,dt + \cdots + \lambda^{n-1} \int k_{n-1}(s, t)\,f(t)\,dt = f_n(s).$$

Jede Lösung von (9. 3) wäre also Lösung von (9. 4). Im Falle, daß λ^n kein Eigenwert für k_n ist, gilt umgekehrt: Die Lösung von (9. 4) ist auch Lösung von (9. 3). Denn ist φ eine Lösung von (9. 4), so ist auch — falls sinnvoll —

$$\tilde{\varphi}(s) = f(s) + \lambda \int_a^b k(s, t)\, \varphi(t)\, dt$$

eine Lösung von (9. 4). Ist aber λ^n Vollwert, so ist φ eindeutig bestimmt. Daher $\tilde{\varphi} = \varphi$, d. h. φ Lösung von (9. 3). Ist λ ein Eigenwert von k, φ (sinnvoll) eine Eigenfunktion, so ist φ Lösung von (9. 4) für $f \equiv 0$, d. h. $f_n \equiv 0$. Also ist dann λ^n Eigenwert von k_n. Umgekehrt: ist λ^n Eigenwert von k_n, so ist wenigstens eine der n Wurzeln $\lambda \exp. \left(\frac{2\pi i \nu}{n}\right)$ $(\nu = 0, \ldots, n-1)$ Eigenwert von k, falls φ_1 einen Sinn hat, wobei definiert ist

$$\varphi_1 = \varphi - \varepsilon_0 \lambda \int_a^b k(s, t)\, \varphi(t)\, dt, \ldots$$

$$\varphi_\nu - \varepsilon_{\nu-1} \lambda \int_a^b k \varphi_\nu\, dt = \varphi_{\nu+1}.$$

Mit $\varepsilon_\nu = \exp\left(\frac{2\pi i \nu}{n}\right)$ $(\nu = 0, \ldots, n-1)$ ist

$$\begin{aligned}\varphi_n = \varphi_{n-1} - \varepsilon_{n-1} \int k(s, t)\, \varphi_{n-1}(t)\, dt \\ \equiv \varphi - \lambda^n \int_a^b k(s, t)\, \varphi(t)\, dt \equiv 0.\end{aligned}$$

Falls $\varepsilon_{n-1}\lambda$ kein Eigenwert ist, folgt $\varphi_{n-1} \equiv 0$; daraus, falls $\varepsilon_{n-2}\lambda$ kein Eigenwert ist, $\varphi_{n-2} \equiv 0$ und so fort, bis wir zu $\varphi \equiv 0$ kommen, also zu einem Widerspruch. Es muß daher einer der Werte $\varepsilon_\nu \lambda$ Eigenwert sein. Entsprechendes gilt für den transponierten Kern. Daher können wir sagen:

Für einen Wert λ, für den λ^n Vollwert von k ist, sind die beiden Gleichungen (falls überhaupt lösbar)

$$\varphi - \lambda \int_a^b k(s,t)\,\varphi(t)\,dt = f(s);\; \psi - \lambda \int_a^b \overline{k(t,s)}\,\psi(t)\,dt = f(s)$$

nicht nur lösbar, sondern auch eindeutig lösbar.

Ein reeller Kern

$$k(s,t) = h(s,t)\;|\,s-t\,|^{\alpha}\;(0<\alpha<1),$$

wo $h(s,t) \in \mathfrak{L}^2$ in $a \leqq s,\, t \leqq b$ beschränkt und in den Punkten (s,s) stetig sein soll, ist ein uneigentlich singulärer Kern. Integrale über solche Funktionen sind im Cauchyschen Sinn zu verstehen, z. B.

$$\int_a^b k\,(s,t)\,dt = \lim_{\varepsilon \to +0} \left(\int_a^{s-\varepsilon} + \int_{s+\varepsilon}^b \right).$$

Es ist dann

$$k_2(s,t) = \int_a^b \frac{h(s,\tau)\,h(\tau,t)\,d\tau}{|\,s-\tau\,|^{\alpha}\,|\,t-\tau\,|^{\alpha}}.$$

$\tau = s + \sigma(t-s)$ ergibt mit

$$|\,s-\tau\,| = |\,\sigma\,|\;|\,t-s\,|;\;\; |\,t-\tau\,| = |\,1-\sigma\,|\;|\,t-s\,|$$

$$|\,k_2\,| \leqq \frac{1}{|\,s-t\,|^{2\alpha-1}} \int_{-\infty}^{+\infty} h_1(s,\sigma)\,h_1(\sigma,t) \,/\, |\,\sigma\,|^{\alpha}\,|\,1-\sigma\,|^{\alpha}\,d\sigma$$

Dann ist k_2 entweder schon nichtsingulär $(2\alpha < 1)$ oder wird auf $s = t$ unendlich von höchstens der Ordnung $(2\alpha - 1)$. Nach n Schritten ergibt sich also ein Kern, der höchstens von der Ordnung $n\alpha - (n-1)$ groß wird, also für $n > 1/(1-\alpha)$ sicherlich nicht singulär ist.

§ 10. Die Resolvente

In diesem Abschnitt wollen wir das Verhalten der Resolvente vor allem als Funktion von λ genauer untersuchen.

Aus (6. 15) folgt, daß R_λ stetig ist. Sei nämlich λ_0 ein Vollwert, $\{\lambda_n\}$ eine Folge von Vollwerten, die gegen λ_0 gehen.

Wir zeigen zuerst, daß $\| R_{\lambda_n} \|$ beschränkt sein muß. Im anderen Falle gäbe es eine Folge mit $\| R_{\lambda_n} \| \to \infty$ und

$$\| R_{\lambda_n} \| \leqq \| R_{\lambda_0} \| + | \lambda - \lambda_0 | \; \| R_{\lambda_n} \| \; \| R_{\lambda_0} \| .$$

Dividieren wir durch $\| R_{\lambda_n} \|$, so geht die rechte Seite gegen 0, während links 1 steht. Damit folgt aber aus (6. 15), daß $\| R_{\lambda_n} - R_{\lambda_0} \|$ gegen 0 geht. Dividieren wir schließlich in (6. 15) beide Seiten durch $\lambda - \lambda_0$, so sehen wir, daß der Differenzenquotient konvergiert, R_λ ist differenzierbar mit der Ableitung R_λ^2.

Das wurde in der Operatornorm abgeleitet. Entsprechendes gilt in der $\mathfrak{L}^2$-Norm.

Wir können diese Ergebnisse auch aus der Reihendarstellung (6. 16) erhalten. Wir wollen diese nun betrachten und weitere Ergebnisse ableiten.

Für $| \lambda - \lambda_0 | < \| R_{\lambda_0} \|^{-1}$ konvergiert (6. 16) sogar im quadratischen Mittel. Sei nun $| r_1(s) |^2 = \int | r(s, \tau; \lambda_0)|^2 dt$ und $| r_2(t) |^2 = \int | r(\tau, t; \lambda_0) |^2 \, dt$. Wir wissen, daß beide Funktionen für fast alle s bzw. t existieren. Sei $r^n(s, t)$ der Kern von $R^n_{\lambda_0}$. Dann ist

$$|r^2(s,t)|^2 = | \int r(s,\tau) r(\tau,t) d\tau |^2 \leqq \int | r(s,\tau)|^2 d\tau \int | r(\tau,t)|^2 d\tau$$
$$= | r_1(s) |^2 \, | r_2(t) |^2 . \quad \text{Entsprechend ist}$$
$$| r^{m+2}(s, t) |^2 \leqq \int | r(s, \tau) |^2 d\tau \int | r^{m+1}(\tau, t) |^2 \, d\tau$$
$$= | r_1(s) |^2 \int | \int r^m(\tau, \sigma) \, r(\sigma, t; \lambda_0) \, d\sigma |^2 \, d\tau$$
$$\leqq \| R_{\lambda_0} \|^{2m} \, | r_1(s) |^2 \, | r_2(t) |^2 ,$$

wo wir $r(s, t; \lambda_0)$ als Element von $L_2(s)$ aufgefaßt haben.

Diese Abschätzungen zeigen:

(10. 1) *Sogar für* $|\lambda - \lambda_0| \leqq \|R_{\lambda_0}\|^{-1}$ *konvergiert die Reihe für* $r(s, t; \lambda) - k(s, t)$ *und damit auch die Reihe für* $r(s, t; \lambda)$ *im quadratischen Mittel.*

Für fast alle s und t, d. h. überall, wo $r_1(s)$ und $r_2(t)$ definiert sind, konvergiert die Reihe für $r(s, t; \lambda) - k(s, t)$ absolut, solange $|\lambda - \lambda_0| < \|R_{\lambda_0}\|^{-1}$ und stellt also dort eine in λ analytische Funktion dar. Ist $k \in \mathfrak{L}^2$, so auch r, d. h. r_1 und r_2 sind stetig.

(10. 2) $r(s, t; \lambda) - k(s, t)$ ist in diesem Falle stetig in den drei Variablen s, t und λ gleichzeitig und analytisch in λ.

Nun wenden wir uns einem Eigenwert λ_0 zu.

Definieren wir außer den bereits eingeführten Räumen $\mathfrak{N}^m_{\lambda_0}$ die Teilräume $\mathfrak{R}^m_{\lambda_0}$. Sie sollen aus allen y bestehen, die eine Darstellung $y = (I - \lambda_0 K)^m x$ besitzen. Offenbar gilt

$$\mathfrak{R}^1 > \mathfrak{R}^2 > \cdots.$$

(10. 3) Die entsprechenden Räume für K^* seien mit $\mathfrak{N}^{*m}_{\bar{\lambda}_0}$ und $\mathfrak{R}^{*m}_{\bar{\lambda}_0}$ bezeichnet. Dann gilt

$$\mathfrak{R}^m_{\lambda_0} = (\mathfrak{N}^{*m}_{\bar{\lambda}_0})^{\perp} \text{ und } \mathfrak{R}^{*m}_{\bar{\lambda}_0} = (\mathfrak{N}^m_{\lambda_0})^{\perp}.$$

Beweis: Für $m = 1$ folgt dies aus (8. 15).

Für $m > 1$ setzen wir wieder $(I - \lambda_0 K)^m = I - U$. Es ist dann $(I - \bar{\lambda}_0 K^*)^m = I - U^*$ und $\mathfrak{N}^1_1(U) = \mathfrak{N}^m_{\lambda_0}$ sowie $\mathfrak{N}^{*m}_{\bar{\lambda}_0} = \mathfrak{N}^{*1}_1(U)$. Damit folgt die Behauptung aus der für $m = 1$. Die zweite Gleichung erhalten wir wieder durch Vertauschung von K und K^*.

Es folgt außerdem hieraus, da $\dim \mathfrak{N}^1_1 = \dim \mathfrak{N}^{*1}_1$, daß $\dim \mathfrak{N}^m_{\lambda_0} = \dim \mathfrak{N}^{*m}_{\bar{\lambda}_0}$ und daher auch $\mathfrak{N}^{*n+1}_{\bar{\lambda}_0} = \mathfrak{N}^{*n}_{\bar{\lambda}_0}$, wenn $\mathfrak{N}^{n+1}_{\lambda_0} = \mathfrak{N}^n_{\lambda_0}$ und umgekehrt, d. h. die Länge der Kette

$\mathfrak{N}_{\lambda_0}^1 < \mathfrak{N}_{\lambda_0}^2 \cdots < \mathfrak{N}_{\lambda_0}^n$ ist für K und K^* die gleiche. Wir wollen sie im folgenden fest mit $n(K)$ bezeichnen. Schließlich definieren wir $p(K) = \dim \mathfrak{N}_{\lambda_0}^n$ mit $n = n(k)$ als Ordnung des Eigenwertes.

Aus der gleichen Struktur der Ketten folgt auch mit Hilfe von (10. 3), daß alle $\mathfrak{N}_{\lambda_0}^m$ bzw. alle $\mathfrak{N}_{\bar{\lambda}_0}^{*m}$ verschieden sind für $m < n$ und $\mathfrak{N}_{\lambda_0}^m = \mathfrak{N}_{\lambda_0}^n$ bzw. $\mathfrak{N}_{\bar{\lambda}_0}^{*m} = \mathfrak{N}_{\bar{\lambda}_0}^{*n}$ für $m \geqq n$.

Aus den letzten Gleichungen folgt: Hat $(I - \lambda_0 K)^n x = y$ eine Lösung, so auch $(I - \lambda_0 K)^m x' = y$, $m \geqq n$.

(10. 4) Jedes x aus L_2 hat genau eine Darstellung $x = y + z$ *)

$$y \in \mathfrak{R}_{\lambda_0}^n, \quad z \in \mathfrak{N}_{\lambda_0}^n.$$

Beweis: Wir setzen $y' = (I - \lambda_0 K)^n x$, dann gibt es ein x' mit $y' = (I - \lambda_0 K)^{2n} x'$. Also ist $(I - \lambda_0 K)^n (x - (I - \lambda_0 K)^n x') = 0$, $y' = (I - \lambda_0 K)^n x'$, $z = x - y$.

(10. 5) Dabei ist $y \in \mathfrak{R}_{\lambda_0}^n$, $z \in \mathfrak{N}_{\lambda_0}^n$. $\mathfrak{R}_{\lambda_0}^n$ und $\mathfrak{N}_{\lambda_0}^n$ aber haben nur den Vektor o gemeinsam; denn aus $(I - \lambda_0 K)^n y = o = (I - \lambda_0 K)^n (I - \lambda_0 K)^n x = (I - \lambda_0 K)^{2n} x$ folgt $x \in \mathfrak{N}_{\lambda_0}^{2n} = \mathfrak{N}_{\lambda_0}^n$, also $y = (I - \lambda_0 K)^n x = o$. Infolgedessen ist die Darstellung eindeutig.

(10. 6) *R_λ hat in λ_0 einen Pol der Ordnung $n(K)$.*

Wir beweisen zuerst: R_λ hat einen Pol der Ordnung $\leqq p(K)$. Sei in $\mathfrak{N}_{\bar{\lambda}_0}^{*n}$ ein vollständiges Orthonormalsystem $\chi_1, \ldots, \chi_p$ so gewählt, daß χ_1 ein Eigenvektor von K^* ist. Setzen wir $\psi_1 = K\chi_1$. Wir ersetzen nun K durch

$$\hat{K} = K - \psi_1 \otimes \bar{\chi}_1 \tag{10. 7}$$

und behaupten:

$$\dim \hat{\mathfrak{N}}_{\bar{\lambda}_0}^{*m} = \dim \mathfrak{N}_{\bar{\lambda}_0}^{*m} - 1, \quad m \geqq n. \tag{10. 8}$$

Nach p Schritten ist dann also ein Kern $\tilde{K}$ erreicht, für den λ_0 Vollwert ist.

*) Eine derartige Zerlegung existiert nicht nur für diese speziellen Räume, sondern für jeden echten Unterraum $\mathfrak{M}$ und sein orthogonales Komplement $\mathfrak{M}^\perp$.

Beweis: Liegt y in $\widehat{\mathfrak{R}}^m_{\lambda_0}$, so gibt es ein $x \in \mathfrak{R}^m_{\lambda_0}$ mit $y = (I - \lambda_0 \widehat{K})^m x$. Aus $\langle x, \chi_1\rangle = 0$ folgt $Kx = \widehat{K}x$, allgemein: $\widehat{K}^\nu x = K^\nu x$, $y = (I - \lambda_0 K)^m x$, also $\widehat{\mathfrak{R}}^m_{\lambda_0} < \mathfrak{R}^m_{\lambda_0}$. Es folgt $\widehat{\mathfrak{N}}^{*m}_{\bar\lambda_0} = \widehat{\mathfrak{R}}^{m\perp}_{\lambda_0} < (\mathfrak{R}^m_{\lambda_0})^\perp = \mathfrak{N}^{m*}_{\bar\lambda_0}$. Außerdem sieht man leicht, daß $\widehat{K}\chi_1 = o$, also $(I - \lambda_0 \widehat{K})\,\chi_1 = \chi_1$ und damit

$$(I - \lambda_0 \widehat{K})^m \chi_1 = \chi_1, \quad \chi_1 \in \widehat{\mathfrak{R}}^m_{\lambda_0}.$$

Es ist $\widehat{K}^* = K^* - \chi_1 \otimes \bar\psi_1$. Man sieht sofort, daß $\widehat{K}^*\chi = K^*\chi - \langle\chi, K\chi_1\rangle\,\chi_1 = K^*\chi - \langle K^*\chi, \chi_1\rangle\,\chi_1$. Offenbar ist $\widehat{K}^*\chi_1 = o$. Sei $\chi \in \mathfrak{N}^{*\,\nu-1}_{\bar\lambda_0}$ und $\chi \perp \chi_1$. $(I - \bar\lambda_0 \widehat{K}^*)\,\chi$ $= (I - \bar\lambda_0 K^*)\,\chi + \bar\lambda_0 \langle K\chi, \chi_1\rangle\,\chi_1$.

Das erste Glied liegt in $\mathfrak{N}^{*\nu}_{\bar\lambda_0}$, das zweite in $\mathfrak{N}^{*1}_{\bar\lambda_0}$, also $(I - \bar\lambda_0 \widehat{K}^*)\,\chi$ in $\mathfrak{N}^{*\nu}_{\bar\lambda_0}$. Außerdem ist $((I - \bar\lambda_0 \widehat{K}^*)\,\chi_1)$ $= -\bar\lambda_0\langle K^*\chi, \chi_1\rangle + \bar\lambda_0\langle K^*\chi, \chi_1\rangle = 0$. Durch Induktion erhalten wir: Ist $\chi \in \mathfrak{N}^{*m}_{\bar\lambda_0}$, $\chi \perp \chi_1$, so ist $\psi = (I - \bar\lambda_0 \widehat{K}^*)^{m-1}\chi \in \mathfrak{N}^{*1}_{\bar\lambda_0}$, $\psi \perp \chi_1$.

Es genügt zu zeigen $(I - \bar\lambda_0 \widehat{K}^*)\,\psi = o$. Dann liegen alle χ_i in $\widehat{\mathfrak{N}}^{*m}_{\bar\lambda_0}$, andererseits in einem echten Teilraum von $\mathfrak{N}^{*m}_{\bar\lambda_0}$, da χ_1 nicht mehr darin liegt, und damit folgt die Behauptung für die Dimension.

$$(I - \bar\lambda_0 \widehat{K}^*)\,\psi = (I - \bar\lambda_0 K^*)\,\psi + \langle (I - \bar\lambda_0 K^*)\,\psi, \chi_1\rangle\,\chi_1 \\ - \langle \varphi, \chi_1\rangle\,\chi_1 = o + o - o = o.$$

Wir haben gezeigt, daß

$$n(\widehat{K}) \leqq n(K) \text{ und } p(\widehat{K}) = p(K) - 1. \tag{10.9}$$

Sei $\widehat{R}_\lambda$ die Resolvente von $\widehat{K}$, $R_\lambda = \widehat{R}_\lambda + S_\lambda$. Dann ist

$$\begin{aligned} K &= \widehat{K} + \psi_1 \otimes \bar\chi_1 = R_\lambda - \lambda K R_\lambda \\ &= \widehat{R}_\lambda + S_\lambda - \lambda \widehat{K}\widehat{R}_\lambda - \lambda \widehat{K} S_\lambda - \lambda(\psi_1 \otimes \chi_1)\,R_\lambda, \end{aligned}$$

und daraus erhalten wir

$$(I - \lambda\hat{K})\, S_\lambda = S_\lambda - \lambda\hat{K}S_\lambda = \psi_1 \otimes \bar{\chi}_1 + \lambda(\psi_1 \otimes \bar{\chi}_1)\, R_\lambda$$
$$= \lambda_0(\lambda_0 - \lambda)^{-1}\psi_1 \otimes \bar{\chi}_1,$$

wenn wir berücksichtigen, daß

$$\hat{K} = \hat{R}_\lambda - \lambda\hat{K}\hat{R}_\lambda$$

und

$$\chi_1 - \bar{\lambda}K^*\chi_1 = \overline{(\lambda_0 - \lambda)\,\lambda_0^{-1}}\,\chi_1,$$

also

$$\overline{\lambda_0(\lambda_0 - \lambda)^{-1}}\,\chi_1 = \chi_1 + \bar{\lambda}R^*_{\bar{\lambda}}\,\chi_1$$

und daher

$$\lambda\,(K\chi_1 \otimes \bar{\chi}_1)\, R_\lambda\varphi = \langle R_\lambda\varphi, \chi_1\rangle\, K\chi_1 = \langle\varphi, \bar{\lambda}R^*_{\bar{\lambda}}\,\chi_1\rangle\, K\chi_1$$
$$= \langle\varphi, \overline{\lambda(\lambda_0 - \lambda)^{-1}}\chi_1\rangle\, K\chi_1 = \lambda(\lambda_0 - \lambda)^{-1}(\psi_1 \otimes \bar{\chi}_1)\varphi.$$

Multiplizieren wir mit $(I - \lambda\hat{K})^{-1} = I + \lambda\hat{R}_\lambda$, so ergibt sich

(10.10) $$S_\lambda = \lambda_0(\lambda_0 - \lambda)^{-1}\psi_1 \otimes \bar{\chi}_1 + (\lambda_0 - \lambda)^{-1}\lambda_0 R_\lambda(\psi_1 \otimes \chi_1).$$

Hat $\hat{R}_\lambda$ einen Pol der Ordnung ν, so hat R_λ offenbar einen der Ordnung höchstens $\nu + 1$; sind die Koeffizienten in der Entwicklung um λ_0 für $\hat{R}_\lambda$ $\mathfrak{L}^2$-Kerne, so auch für R_λ. Es folgt damit durch Induktion, daß R_λ höchstens einen Pol der Ordnung $p(K)$ hat und die Koeffizienten der Entwicklung $\mathfrak{L}^2$-Kerne sind.

Wir leiten nun die genaue Ordnung des Pols ab.

(10.11) Sei $R_\lambda = \sum_{\nu=-h}^{\infty} (\lambda - \lambda)^\nu A_\nu$ mit $A_\nu \in \mathfrak{B}(\mathfrak{L}^2)$, h die Ordnung des Pols. Es kann nicht $(\lambda - \lambda_0)^h R_\lambda x$ gegen o gehen alle für x, falls λ gegen λ_0 geht, da dieser Limes $A_{-h}x$ ist, aus $A_{-h}x = o$ aber $A_{-h} = \hat{0}$ folgte. Nehmen wir an $h > n$.

K ist im (vollständigen) Raum $\mathfrak{R}^n_{\lambda_0}$ ein vollstetiger Operator. λ_0 ist dort kein Eigenwert, also ist $R_\lambda y$ dort auch für λ_0 erklärt und stetig, mithin $\lim(\lambda-\lambda_0)^m R_\lambda y = o$ für jedes $m > h$. Sei andererseits $z \in \mathfrak{N}^n_{\lambda_0}$. Dann ist für $z = z_0$, $z_{i+1} = (I - \lambda_0 K)\, z_i$.

$$(I - \lambda K)\, z_i = \lambda_0^{-1}(\lambda_0 - \lambda)\, z_i + \lambda_0^{-1} \lambda z_{i+1}.$$

Multiplikation mit $(I + \lambda R_\lambda)$ ergibt

$$z_i = \lambda_0^{-1}(\lambda_0 - \lambda)\, z_i + \lambda_0^{-1}\lambda(\lambda_0 - \lambda)\, R_\lambda z_i + \lambda_0^{-1}\lambda z_{i+1} + \lambda_0^{-1}\lambda^2 R_\lambda z_{i+1}.$$

Wir erhalten daraus

$$R_\lambda z_i = \frac{1}{\lambda_0-\lambda}\,(z_i - z_{i+1} - \lambda R_\lambda z_{i+1}).$$

Da $z_n = (I - \lambda K)^n = o$ ist, folgt zunächst $R_\lambda z_{n-1} = \frac{z_{n-1}}{\lambda_0-\lambda}$. Damit ergibt sich rekursiv

$$R_\lambda z_0 = \frac{z_0}{\lambda_0-\lambda} + \sum_{i=1}^{n-1} \lambda_0 \frac{(-1)^i \lambda^{i-1}}{(\lambda_0-\lambda)^{i+1}}\, z_i. \tag{10.12}$$

Für $h > n$ erhalten wir auch hier $(\lambda - \lambda_0)^h R_\lambda z \to o$, und da jedes x die Gestalt $y + z$ hat, folgt daraus $h \leqq n$. Umgekehrt müßte, falls $h < n$, $(\lambda - \lambda_0)^h R_\lambda x \to o$ gelten. Es existiert jedoch ein z mit $z_{n-1} \neq o$ und es ist $\lim(\lambda - \lambda_0)^n R_\lambda z = -\lambda_0^{n-1} z_{n-1}$. Also $n \geqq h$, d. h. $n = h$.

Aus dem Vorangehenden läßt sich nun auch einiges über die Koeffizienten ableiten:

Wie oben sieht man, daß

$$A_{-i} z = o \text{ für } z \in \mathfrak{N}^n_\lambda;$$

ebenso aber auch $A_{-i} z = z_{i-1} = o$ für $z \in \mathfrak{N}^{i-1}_\lambda$ und, da $\mathfrak{N}^n_\lambda \frown \mathfrak{R}^{n+1-i}_1 < \mathfrak{N}^{i-1}_\lambda$, auch

$$A_{-i} z = o \text{ für } z \in \mathfrak{R}^{n+1-i}_\lambda.$$

Es genügt also, A_{-i} im Raume

$$(\mathfrak{N}^{i-1}_\lambda)^\perp \frown (\mathfrak{R}^{n+1-i}_\lambda)^\perp = R^{*\,i-1}_{\bar\lambda} \frown \mathfrak{N}^{*\,n+1-i}_{\bar\lambda}$$

zu untersuchen.

Der Wertevorrat liegt, wie wir (10. 12) entnehmen können, in

$$\mathfrak{R}_\lambda^{i-1} \cap \mathfrak{N}_\lambda^{n+1-i}.$$

Mithin gilt

$$(10.13) \qquad A_{-i} = \Sigma \varphi_j \otimes \bar{\chi}_j,$$

wo die φ_j in $\mathfrak{R}_\lambda^{i-1} \cap \mathfrak{N}_\lambda^{n+1-i}$ liegen und die χ_j ein Orthonormalsystem, oder allgemeiner ein System von linear unabhängigen Erzeugenden von $\mathfrak{R}_{\bar{\lambda}}^{*\,i-1} \cap \mathfrak{N}_{\bar{\lambda}}^{*\,n+1-i}$ bilden.

Insbesondere ist der höchste Koeffizient

$$(10.14) \qquad A_{-n} = \Sigma \varphi_j \otimes \bar{\chi}_j,$$

wo

$$\varphi_j \in \mathfrak{N}_\lambda^1 \cap \mathfrak{R}_\lambda^{n-1} \quad \text{und} \quad \chi_j \in \mathfrak{N}_{\bar{\lambda}}^{*1} \cap \mathfrak{R}_{\bar{\lambda}}^{*\,n-1}.$$

Nehmen wir den Spezialfall des einfachen Poles, d. h. $n(K) = 1$, so gilt

$$(10.15) \qquad A_{-1} = \sum_1^q \varphi_j \otimes \bar{\chi}_j, \quad \varphi_j \in \mathfrak{N}_\lambda^1, \quad \chi_j \in \mathfrak{N}_{\bar{\lambda}}^{*1}.$$

Da $\dim \mathfrak{N}_\lambda^1 = \dim \mathfrak{N}_{\bar{\lambda}}^{*1}$ und nach (10.12) ganz $\mathfrak{N}_\lambda^1$ Bildbereich von A_{-1} ist, folgt, daß auch die φ_j linear unabhängig sind. Aus (10. 12) ergibt sich weiter: $A_{-1}\varphi_i = \varphi_i$. Da

$$A_{-1}\varphi_i = \Sigma (\varphi_j \otimes \bar{\chi}_j)\, \varphi_i = \Sigma \langle \varphi_i, \chi_j \rangle \varphi_j$$

erhalten wir aus der linearen Unabhängigkeit der φ_j

$$(10.16) \qquad \langle \varphi_i, \chi_j \rangle = \delta_{ij}.$$

Ist umgekehrt $n > 1$, so gibt es ein $\varphi \in \mathfrak{N}_\lambda^1 \cap \mathfrak{R}_\lambda^1$, also $\varphi \perp \mathfrak{N}_{\bar{\lambda}}^{*1}$ und analog ein $\chi \perp \mathfrak{N}_\lambda^1$, $\chi \in \mathfrak{N}_\chi^{*1}$, also einen Eigenvektor zu K, der orthogonal ist zu allen Eigenvektoren von K^* und umgekehrt.

Des weiteren können wir nun ein explizites Kriterium angeben, wann sich die Ordnung des Pols bei einem der Reduktionsschritte (10. 7) erniedrigt.

Ist die Ordnung des Pols eins, so erniedrigt sie sich genau dann auf 0, wenn die Vielfachheit des Eigenwertes eins ist. Dies folgt unmittelbar aus (10. 8).

In diesem Falle ist

$$A_{-n} = \psi \otimes \overline{\chi}_1. \tag{10. 17}$$

Wir behaupten nun, daß auch für $n > 1$ (10. 17) das gesuchte Kriterium ist. Sei $\hat{A}_{-h}$ der höchste Koeffizient von $\hat{R}_\lambda$. Aus (10. 10) ersehen wir, daß

$$A_{-h-1} = \lambda_0(\hat{A}_{-h}\psi_1) \otimes \chi_1 = \psi \otimes \chi_1.$$

Dies zeigt, daß im Falle einer Erniedrigung der Ordnung der höchste Koeffizient von R_λ die Gestalt (10. 17) hat. Hat umgekehrt A_{-h-1} diese Gestalt, so hat auch $\hat{A}_{-h-1}$ sie, da alle Koeffizienten der Entwicklung S_λ sie haben. $\hat{A}_{-h-1}$ muß aber dann nach (10. 14) verschwinden, da χ_1 kein Eigenvektor mehr von K^* ist.

§ 11. Normale und Hermitesche Kerne

Eine wichtige Klasse von Integraloperatoren bilden die sogenannten normalen und unter ihnen insbesondere die Hermiteschen:

Wir nennen K *normal*, wenn

$$KK^* = K^*K \text{ oder} \tag{11. 1}$$

$$\int k(s,\tau)\,\overline{k(t,\tau)}\,d\tau = \int \overline{k(\tau,s)}\,k(\tau,t)\,d\tau, \tag{11. 1. 1}$$

hermitesch, wenn

$$K = K^* \text{ oder} \tag{11. 2}$$

$$k(s,t) = \overline{k(t,s)} \text{ fast überall.} \tag{11. 2. 1}$$

Für diese Operatoren lassen sich einige wichtige Aussagen machen:

Wir nehmen im folgenden immer an, daß K normal ist.

(11. 3) $\quad \| Kg \| = \| K^* g \|$ für jedes g, insbesondere

(11. 4) $$\| K \| = \| K^* \| .$$

Beweis: $\| Kg \|^2 = \langle Kg, Kg \rangle = \langle K^* Kg, g \rangle = \langle KK^* g, g \rangle$
$$= \langle K^* g, K^* g \rangle = \| K^* g \|^2 .$$

Daraus folgt weiter

(11. 5) $$\| K^2 \| = \| K \|^2 .$$

Denn

$$\| Kf \|^2 = \langle Kf, Kf \rangle = \langle K^* Kf, f \rangle \leqq \| K^*(Kf) \|$$
$$= \| K(Kf) \| = \| K^2 f \| , \text{ wenn } \| f \| = 1 .$$

Unter dieser Nebenbedingung ist aber andererseits

$$\| K \|^2 = \sup \| Kf \|^2 \leqq \sup \| K^2 f \| = \| K^2 \| .$$

Zusammen mit (6. 11) ergibt dies die Behauptung.

Nun ist auch

$$(I - \bar{\lambda} K^*)^m (I - \lambda K)^m = (I - \lambda K)^m (I - \bar{\lambda} K^*)^m .$$

Damit folgt auf die gleiche Weise

(11. 6) $\quad \| (I - \bar{\lambda} K^*)^m f \| = \| (I - \lambda K)^m f \|$ für alle f,

insbesondere $(I - \bar{\lambda} K^*)^m f = o$ genau dann, wenn

$$(I - \lambda K)^m f = o , \text{ also}$$

(11. 7) $$\mathfrak{N}^{*m}_{\bar{\lambda}} = \mathfrak{N}^{m}_{\lambda}$$

und daher $$\mathfrak{N}^{*m\perp}_{\bar{\lambda}} = \mathfrak{N}^{m\perp}_{\bar{\lambda}} , \text{ d. h.}$$

(11. 8) $$\mathfrak{R}^{*m}_{\bar{\lambda}} = \mathfrak{R}^{m}_{\lambda} .$$

K und K^* besitzen die gleichen Eigenräume.

(11. 9) *Ist K hermitesch, so ist jeder Eigenwert reell.*

Da $K = K^*$, müßte nach (11. 7) ein Eigenvektor zum Eigenwert λ gleichzeitig auch Eigenvektor zu $\bar{\lambda}$ sein. Dies ist aber nur möglich, falls $\lambda = \bar{\lambda}$.

(11. 10) *Ist $K \neq \hat{0}$, so hat K mindestens einen Eigenwert λ mit $|\lambda| = \|K\|^{-1}$.*

Da alle λ mit $|\lambda| < \|K\|^{-1}$ Vollwerte sind, ist dies ein minimaler Eigenwert.

Wir beweisen sogar folgenden weitergehenden Satz:

(11. 11) *Ist H ein vollständiger Teilraum des L_2, $Kg \in H$ und $K^*g \in H$ für $g \in H$ und $\sup \langle K^*Kg, g\rangle = \varrho^2 > 0$, wo g alle $g \in H$ mit $\|g\| = 1$ durchläuft, so hat K einen Eigenwert λ mit $|\lambda| = \varrho^{-1}$ und einen dazugehörenden Eigenvektor in H.*

Beweis: Es gibt nach Voraussetzung eine Folge $\{g_i\}$ in H mit

$$\lim_i \langle K^*Kg_i, g_i\rangle = \varrho^2 \cdot \|g_i\| = \varrho^2.$$

Da K vollstetig ist, gibt es eine Teilfolge $\{g_i'\}$ mit

$$\lim_i Kg_i' = h.$$

Es folgt außerdem $\|Kg\| \leqq \varrho \|g\|$ und $\|K^*g\| \leqq \varrho \|g\|$ für $g \in H$. Da $K^*h - K^*Kg_i' \to o$, erhalten wir

$$\begin{aligned} \|h\|^2 &= \lim \langle h, Kg_i'\rangle = \lim \langle K^*h, g_i'\rangle \\ &= \lim \langle K^*Kg_i', g_i'\rangle + \lim \langle (K^*h - K^*Kg_i'), g_i'\rangle = \varrho^2. \end{aligned}$$

$$\|K^*Kg_i' - \varrho^2 g_i'\|^2 = \|K^*Kg_i'\|^2 - 2\varrho^2 \|Kg_i'\|^2 + \varrho^4.$$

Die rechte Seite geht gegen

$$\|K^*h\|^2 - 2\varrho^2 \|h\|^2 + \varrho^4 \leqq \varrho^2\varrho^2 - 2\varrho^2\varrho^2 + \varrho^4 = 0.$$

Das heißt $K^*Kg_i' - \varrho^2 g_i' \to o$, g_i' konvergiert gegen ein g_0 und $K^*Kg_0 = \varrho^2 g_0$. $g_0 \neq o$, da $h = Kg_0 \neq 0$.

Sei $\mathfrak{N}$ der Teilraum aller in H enthaltenen Eigenvektoren von K^*K zum Eigenwert ϱ^{-2}.

K^ν ist mit $(I - \varrho^{-2}K^*K)$ vertauschbar, also gehört wegen

$$(I - \varrho^{-2}K^*K)\,K^\nu g = K^\nu(I - \varrho^{-2}K^*K)\,g = o$$

mit g auch $K^\nu g$ zu $\mathfrak{N}$. $\mathfrak{N}$ ist aber endlichdimensional, demnach muß es ein erstes m geben, für das $K^m g$ von den $K^\nu g$ mit $\nu < m$ abhängt, also

$$(*)\quad p(K)\,g = K^m g + \alpha_{m-1}K^{m-1}g + \cdots + \alpha_0 g = o.$$

Von dem Polynom spalten wir einen Linearfaktor ab: $p(x) = x^m + \alpha_{m-1}x^{m-1} + \cdots + \alpha_0 = (x-\beta)\ (x^{m-1} + \cdots + \alpha_0') = (x-\beta)\,q(x)$. In diese Identität können wir K einsetzen: $q(K)\,g = K^{m-1}g + \cdots + \alpha_0' g = g' \neq o$, da sonst schon $K^{m-1}g$ von den vorhergehenden Gliedern abhängen würde, außerdem $g' \in \mathfrak{N}$. Aus (*) ergibt sich

$$(K - \beta I)\,g' = p(K)\,g = o.$$

$$\|K^*Kg'\| = \varrho^2 = \|K^*\beta g'\| = |\beta|\ \|K^*g'\| = |\beta|\,\|Kg^\perp\| = |\beta|^2.$$

Also besitzt K in H einen Eigenwert $\lambda = \beta^{-1}$ mit Betrag ϱ^{-1} und dem Eigenvektor g'.

Satz 11.10 folgt nun unmittelbar. Setzen wir nämlich $H = L_2$, so ist $\sup\langle K^*Kg, g\rangle = \sup\langle Kg, Kg\rangle = \|K\|^2$.

Sei $g \in \mathfrak{N}_\lambda^2$. Dann ist

$$0 = \|(I - \lambda K)(I - \lambda K)\,g\| = \|(I - \bar\lambda K^*)\ (I - \lambda K)\,g\|$$

und daher

$$0 = \langle (I - \bar\lambda K^*)\ (I - \lambda K)g, g\rangle = \langle (I - \lambda K)g,\ (I - \lambda K)g\rangle$$
$$= \|(I - \lambda K)\,g\|^2, \text{ d. h. } g \in \mathfrak{N}_\lambda^1,\ \mathfrak{N}_\lambda^1 = \mathfrak{N}_\lambda^2.$$
$$n(K) = 1.$$

(11. 12) *Alle Pole der Resolvente sind einfach.*

Aus 8. 14 folgt, daß $\mathfrak{N}_\lambda^1 \perp \mathfrak{N}_{\bar\mu}^{*1} = \mathfrak{N}_\mu^1$ für $\mu \neq \lambda$:

(11.13) *Eigenvektoren zu verschiedenen Eigenwerten sind orthogonal.*

Wählen wir in jedem $\mathfrak{N}_\lambda^1$ ein vollständiges Orthonormalsystem, so erhalten wir insgesamt ein Orthonormalsystem $\varphi_1, \varphi_2, \ldots$ von Eigenvektoren zu den Eigenwerten $\lambda_1, \lambda_2, \ldots$, wobei wir $|\lambda_1| \leqq |\lambda_2| \leqq \ldots$ annehmen können. Dieses System ist endlich oder unendlich, je nachdem, ob die Anzahl verschiedener Eigenwerte es ist, da $\mathfrak{N}_\lambda^1$ zu jedem λ endlichdimensional ist.

Dieses System braucht im allgemeinen nicht vollständig zu sein. Für einen ausgearteten Kern $\sum_{i=1}^{n} \alpha_i \bar{g}_i \otimes f_i$ gibt es nur endlich viele linear unabhängige Eigenvektoren.

Wir versuchen nun, das System zu einem vollständigen zu ergänzen. Betrachten wir den Raum $\mathfrak{N}$ aller Vektoren, die zu allen φ_i orthogonal sind. $\mathfrak{N}$ ist offenbar vollständig. Wir behaupten:

(11.14) $\mathfrak{N}$ *besteht genau aus allen* g *mit* $Kg = o$.

Beweis: Nehmen wir zuerst an, für ein $g \in \mathfrak{N}$ gelte $Kg \neq o$. In diesem Falle ist $\sup \langle K^* Kg, g\rangle = \sup \langle Kg, Kg\rangle = \sup \| Kg \|^2 = \varrho^2 > 0$ für $g \in \mathfrak{N}$, $\| g \| = 1$. Nach (11.11) besitzt dann K in $\mathfrak{N}$ einen Eigenvektor $g' \neq o$, g' gehört also zu einem $\mathfrak{N}_\lambda^1$, kann also nicht zu allen φ_i orthogonal sein im Gegensatz zur Voraussetzung. Ist umgekehrt $Kg = o$, φ_i ein Eigenvektor zu K, so ist φ_i auch Eigenvektor zu K^*, also $\langle g, \varphi_i\rangle = \langle g, \bar{\lambda}_i K^* \varphi_i\rangle = \langle Kg, \bar{\lambda}_i \varphi_i\rangle = \langle o, \bar{\lambda}_i \varphi_i\rangle = 0$.

Nun wählen wir ein vollständiges Orthonormalsystem $\{\psi_i\}$ für $\mathfrak{N}$. φ_i und ψ_i bilden dann zusammen ein vollständiges Orthonormalsystem für L_2.

In die Matrix für den Operator K gehen jedoch nur die Glieder $\langle K\varphi_i, \varphi_j\rangle$ ein, alle Glieder mit ψ verschwinden wegen $K\psi = o$ und $K\varphi \perp \psi$. Wir erhalten infolgedessen

$$\|K\|^2 = \sum_{i,j} |\alpha_{ij}|^2 = \sum_{i,j} |\langle K\varphi_i, \varphi_j\rangle|^2$$
$$= \sum_{i,j} |\lambda_i^{-1}\langle\varphi_i, \varphi_j\rangle|^2 = \sum_i |\lambda_i^{-2}|.$$

Hierbei wird jeder Eigenwert sooft gezählt, als seine Vielfachheit angibt. Nehmen wir also wieder alle Eigenwerte als verschieden an:

(11.15) Für jeden Integraloperator aus $\mathfrak{B}(\mathfrak{L}^2)$ gilt

$$\sum_i r_i |\lambda_i|^{-2} \leqq \|K\|^2,$$

wo r_i die Vielfachheit des Eigenwertes λ_i ist. K ist genau dann normal, wenn

$$\|K\|^2 = \sum_i r_i |\lambda_i|^{-2}.$$

Beweis: Ist K normal, so gilt die Gleichheit. Dies haben wir oben gesehen. Nehmen wir nun ein beliebiges K, so können wir für jeden Eigenwert ein System linear unabhängiger Eigenvektoren finden, das den zugehörigen Eigenraum $\mathfrak{N}_\lambda^1$ erzeugt. Nehmen wir diese alle zusammen, so erhalten wir ein System $\varphi_1, \varphi_2, \ldots$ zu den Eigenwerten $\lambda_1, \lambda_2, \ldots$ (die ihrer Vielfachheit entsprechend oft vorkommen), wo alle φ_i linear unabhängig sind und jeden anderen Eigenvektor erzeugen. Sei $\psi_1, \psi_2, \ldots$ das durch Orthonormalisierung daraus entstandene System. Diese ψ brauchen (außer ψ_1) natürlich keine Eigenvektoren mehr zu sein. Wir haben jedoch

$$\psi_i = \sum_{j=1}^{i} \beta_{ij}\varphi_j \quad \text{und daher}$$

$$K\psi_i = \sum_{j=1}^{i} \beta_{ij} K\varphi_j = \sum_{j=1}^{i} \lambda_j^{-1}\beta_{ij}\varphi_j = \lambda_i^{-1}\sum_{j=1}^{i}\beta_{ij}\varphi_j$$
$$+ \sum_{j=1}^{i-1}(\lambda_j^{-1} - \lambda_i^{-1})\beta_{ij}\varphi_j = \lambda_i^{-1}\psi_i + \sum_{j=1}^{i-1}\gamma_{ij}\varphi_j.$$

Da auch die φ_j Linearkombinationen der ψ_k mit $k \leqq j$ sind, ist $\varphi_j \perp \psi_i$ für $j < i$, also

$$\langle K\psi_i, \psi_i\rangle = \lambda_i^{-1}.$$

Das System $\{\psi_i\}$ braucht nicht vollständig zu sein.

$$\| K \|^2 \geqq \sum_{i,j} | \langle K\psi_i, \psi_j\rangle |^2 \geqq \sum_i | \langle K\psi_i, \psi_i\rangle |^2 = \sum_i | \lambda_i^{-2} |.$$

Damit ist die Ungleichung bewiesen. Damit Gleichheit besteht, muß nach (4. 11)

$$K = \sum_i \lambda_i^{-1} \varphi_i \otimes \bar{\varphi}_i$$

gelten. Dann ist $K^* = \sum_i \bar{\lambda}_i^{-1} \varphi_i \otimes \bar{\varphi}_i$ und man überzeugt sich leicht, entweder durch Auswertung der Produkte oder durch Berechnung ihrer Matrix, daß $K^*K = KK^*$, d. h. K ist normal.

§ 12. Entwicklungen nach Eigenfunktionen

Im letzten Abschnitt haben wir

$$(12.1) \qquad k(s, t) = \sum_{i=1}^{\infty} \lambda_i^{-1} \varphi_i(s) \bar{\varphi}_i(t)$$

erhalten, wobei die Reihe im quadratischen Mittel konvergiert. Betrachten wir nun den Teilraum $\mathfrak{M}$, der aus allen Kf, $f \in L_2$ bestehen soll. Offenbar ist $\mathfrak{M} = \mathfrak{N}^{\perp}$ und die Eigenvektoren von K spannen $\mathfrak{M}$ auf. Die φ_i bilden also ein vollständiges Orthonormalsystem in $\mathfrak{M}$.

$\langle Kg, \varphi_i\rangle = \langle g, K^*\varphi_i\rangle = \langle g, \bar{\lambda}_i^{-1}\varphi_i\rangle = \lambda_i^{-1} \langle g, \varphi_i\rangle$, also

$$(12.2) \qquad Kg = \sum_{i=1}^{\infty} \lambda_i^{-1} \langle g, \varphi_i\rangle \varphi_i$$

$$K^n\varphi_i = K^{n-1}\lambda_i^{-1}\varphi_i = \lambda_i^{-1}K^{n-1}\varphi_i = \cdots = \lambda_i^{-n}\varphi_i.$$

Also besitzt K^n die Matrix $(\alpha_{ij}^{(n)}) = (\lambda_i^{-n}\delta_{ij})$ und daher gilt

$$(12.3)\qquad k_n(s,t) = \sum_{i=1}^{\infty} \lambda_i^{-n}\varphi_i(s)\,\overline{\varphi}_i(t).$$

Aus $R_\lambda\varphi_j = (\lambda_j - \lambda)^{-1}\varphi_j$ folgt in gleicher Weise

$$(12.4)\qquad r(s,t;\lambda) = \sum_{j=1}^{\infty} (\lambda_j - \lambda)^{-1}\varphi_j(s)\,\overline{\varphi}_j(t).$$

Schließlich wissen wir, daß $k(s,t) \in L_2(t)$ ist für fast alle s. Dies ergibt

$$(12.5)\qquad \int |k(s,t)|^2 dt = \sum_{i=1}^{\infty} \left| \int k(s,t)\,\varphi_i(t)\,dt \right|^2 = \sum_{i=1}^{\infty} \left| \frac{\varphi_i(s)}{\lambda_i} \right|^2$$

für fast alle s, da

$$\int k(s,t)\,\psi(t)\,dt = o \quad \text{für alle} \quad \psi \in \mathfrak{N}.$$

Die Entwicklungen (12. 1) bis (12. 4) konvergieren im quadratischen Mittel. Wir haben bei den Reihenentwicklungen für die Resolvente bereits gesehen, daß sich Verbesserungen der Konvergenzeigenschaften erreichen ließen, wenn man an K größere Anforderungen stellte. Nehmen wir etwa wieder an, daß $K \in \mathfrak{B}(\mathfrak{C}^2)$ ist. Wieweit verbessert sich dadurch die Konvergenz in den oben aufgeführten Reihen?

$k(s,t)$ liegt in diesem Falle für jedes s in $L_2(t)$ und $\int |k(s,t)|^2 dt$ ist stetig in s. Folglich gilt (12. 5) für alle s, und die rechte Seite konvergiert gegen eine stetige Funktion. Die Teilsummen $h_n(s) = \sum_{i=1}^{n} \left| \frac{\varphi_i(s)}{\lambda_i} \right|^2$ sind ebenfalls stetig, da die $|\varphi_i(s)|$ es sind, und bilden eine monoton steigende Folge. Auf diese läßt sich nun der *Satz von Dini* anwenden:

Konvergiert eine Folge stetiger Funktionen $\{h_n\}$ monoton gegen eine stetige Funktion h, so ist die Konvergenz gleichmäßig.

Beweis dieses Satzes: Wir können annehmen, daß $h \equiv o$ und $h_n \geqq o$. Im anderen Falle brauchten wir nur $|h_n - h|$ zu betrachten. Wäre nun die Konvergenz nicht gleichmäßig, so ließe sich ein ε finden, sowie eine Folge von Punkten s_ν und Indizes $n_\nu \to \infty$, so daß $h_{n_\nu}(s_\nu) > \varepsilon$ für alle ν ist. Die Folge $\{s_\nu\}$ besitzt mindestens einen Häufungspunkt s_0. Wir können sogar annehmen, daß sie gegen s_0 konvergiert, anderenfalls würden wir eine entsprechende Teilfolge auswählen. Wählen wir nun ein beliebiges n. Da h_n stetig ist, gibt es ein $\delta(n)$, so daß $|h_n(s) - h_n(s_0)| < \frac{\varepsilon}{2}$, solange $|s - s_n| < \delta(n)$ ist. Wir wählen ν nun so groß, daß sowohl $n_\nu > n$ als auch $|s_\nu - s_0| < \delta(n)$. Wegen der Monotonie der Folge gilt $h_n(s_\nu) \geqq h_{n_\nu}(s_\nu) > \varepsilon$, also $h_n(s_0) \geqq h_n(s_\nu) - |h_n(s_\nu) - h_n(s_0)| > \varepsilon - \frac{\varepsilon}{2} = \frac{\varepsilon}{2}$. Dies gilt für jedes n. $\{h_n(s_0)\}$ würde also nicht gegen 0 konvergieren im Gegensatz zur Voraussetzung. $\{h_n\}$ muß also gleichmäßig konvergieren.

Wir erhalten hieraus:

(12. 6) Ist $K \in \mathfrak{B}(\mathfrak{C}^2)$, so gilt

$$\int |k(s,t)|^2 dt = \sum_{i=1}^{\infty} \left| \frac{\varphi_i(s)}{\lambda_i} \right|^2,$$

wobei die Reihe gleichmäßig konvergiert.

Aus der Lagrangeschen Ungleichung

$$(\sum_{i=1}^{n} |\alpha_i \beta_i|^2) \leqq \sum_{i=1}^{n} |\alpha_i|^2 \sum_{i=1}^{n} |\beta_i|^2$$

(dem Spezialfall der Schwarzschen Ungleichung für den endlichdimensionalen euklidischen Raum) folgt

$$\left(\sum_{i=m}^{n} \left| \lambda_i^{-1} \langle g, \varphi_i \rangle \varphi_i^{(5)} \right| \right)^2 \leqq \sum_{i=m}^{n} |\langle g, \varphi_i \rangle|^2 \sum_{i=m}^{n} |\lambda_i^{-1} \varphi_i(s)|^2.$$

Aus $\sum_{i=1}^{\infty} | \lambda_i^{-1} \varphi_i(s) | < \int | k(s,t) |^2 dt < M$ für alle s und der Konvergenz von $\sum_{i=1}^{\infty} | \langle g, \varphi_i \rangle |^2$ erhalten wir die gleichmäßige Konvergenz (und damit auch die Konvergenz im quadratischen Mittel) von

$$\sum_{i=1}^{\infty} \lambda_i^{-1} \langle g, \varphi_i \rangle \varphi_i(s)$$

gegen eine Grenzfunktion h. Diese ist infolgedessen stetig. Andererseits konvergiert die gleiche Reihe nach (12. 2) im quadratischen Mittel gegen Kg, also ist $\int | Kg - h |^2 ds = 0$ und damit, da der Integrand stetig ist, $Kg - h \equiv 0$.

(12. 7) Für $K \in \mathfrak{B}(\mathfrak{C}^2)$ konvergiert die Entwicklung (12. 2) gleichmäßig absolut.

Versuchen wir nun, eine analoge Aussage für die Entwicklung der Kerne zu finden.

(12. 1) läßt sich selbst für stetiges $k(s,t)$ nicht in gleicher Weise verschärfen. Dafür gelingt uns dies ohne weiteres bei den iterierten Kernen:

(12. 8) *Für* $n \geqq 2$ *konvergiert die Entwicklung* (12. 3) *gleichmäßig absolut.*

Zum Beweis überlegen wir uns zuerst, daß (12. 3) erst recht absolut konvergiert, da alle λ_i bis auf endlich viele dem Betrage nach 1 übertreffen. Wir erhalten infolgedessen wieder

$$\left(\sum_{i=m}^{n'} \left| \lambda_i^{-n} \varphi_i(s) \overline{\varphi_i(t)} \right| \right)^2 \leqq \sum_{i=m}^{n'} | \lambda_i^{-1} \varphi_i(s) |^2 \sum_{i=m}^{n'} | \lambda_i^{-n+1} \varphi_i(t) |^2.$$

Rechts stehen zwei Glieder, die gleichmäßig gegen 0 gehen für $m, n' \to \infty$. Damit folgt die gleichmäßige Konvergenz der Reihe. Daß der Limes $k(s,t)$ ist, folgt wieder wie oben.

Die Erweiterung von (12. 4) bietet die gleichen Schwierigkeiten wie die von (12. 1). Aus (12. 1) und (12. 4) folgt jedoch die Darstellung

$$R_\lambda - K = \sum_{i=1}^{\infty} \frac{\lambda}{\lambda_i(\lambda_i - \lambda)} \varphi_i \otimes \overline{\varphi}_i$$

und damit, wegen

$$\left(\sum_{i=m}^{n} \left| \lambda \lambda_i^{-1} (\lambda_i - \lambda)^{-1} \varphi_i(s) \overline{\varphi_i(t)} \right|\right)^2$$

$$\leqq \sum_{i=m}^{n} \left| \lambda \lambda_i^{-1} \varphi_i(s) \right|^2 \cdot \sum_{i=m}^{n} \left| (\lambda_i - \lambda)^{-1} \varphi_i(s) \right|^2$$

ebenfalls, daß

$$(12.9) \quad r(s,t;\lambda) - k(s,t) = \sum_{i=1}^{\infty} \lambda \lambda_i^{-1} (\lambda_i - \lambda)^{-1} \varphi_i(s) \overline{\varphi}_i(t),$$

wobei die Reihe gleichmäßig absolut konvergiert für s, t und λ, solange λ und $(\lambda_i - \lambda)^{-1}$ gleichmäßig beschränkt bleiben.

Betrachten wir schließlich die Lösungen φ der Gleichung $f = \varphi - \lambda K \varphi$, wo λ ein Vollwert sein soll.

Aus $\varphi = f + \lambda R f$ folgt

$$(12.10) \qquad \varphi(s) = f(s) + \sum_{i=1}^{\infty} \frac{\lambda}{\lambda_i - \lambda} \langle f, \varphi_i \rangle \varphi_i(s).$$

Man kann wieder wie oben zeigen, daß die Gleichung, die allgemein nur im L_2-Sinne gilt, für alle s gilt bei gleichmäßiger Konvergenz der rechten Seite, wenn f stetig ist und $K \in \mathfrak{B}(\mathfrak{C}^2)$. Außerdem ist die Konvergenz gleichmäßig in λ, wenn λ den gleichen Einschränkungen unterworfen wird wie oben.

Es bleibt zu bemerken, daß (12. 10) auch dann gilt, wenn λ ein Eigenwert ist, da dann nach (8. 15) die φ_i mit $\lambda_i = \lambda$ auf der rechten Seite verschwinden müssen. Allerdings wird dann nur eine der (unendlich vielen) Lösungen dargestellt, und zwar die (eindeutig bestimmte), die zu allen φ_i mit $\lambda_i = \lambda$ orthogonal ist.

Wenden wir uns nun der Frage zu, wie wir (12. 1) verschärfen können. Wir müssen dazu K weiter einschränken, und zwar wollen wir annehmen, daß K in der Folge stetig und definit ist.

Wir nennen einen *hermiteschen Kern K positiv* (bzw. *negativ*) *definit*, wenn *alle Eigenwerte λ_i positiv* (bzw. *negativ*) sind.

(12. 11) *K ist genau dann positiv definit, wenn $\langle Kf, f\rangle \geqq 0$ für alle f.*

Ist k obendrein stetig, so ist $k(s, s) \geqq 0$ für alle s.

Beweis: $Kf = \sum_{i=1}^{\infty} \lambda_i^{-1} \langle f, \varphi_i\rangle \varphi_i$, also $\langle Kf, f\rangle = \sum_{i=1}^{\infty} \lambda_i^{-1} |\langle f, \varphi_i\rangle|^2 \geqq 0$, wenn alle $\lambda_i > 0$. Gilt umgekehrt $\langle Kf, f\rangle \geqq 0$, so brauchen wir nur $f = \varphi_i$ zu setzen und erhalten so $\lambda_i^{-1} = \langle K\varphi_i, \varphi_i\rangle \geqq 0$. Nun sei k stetig. $k(s,s)$ ist reell, da $\bar{k}(s, s) = k(s, s)$. Wäre $k(s, s) < 0$ für ein s_0, so würde es eine ganze Umgebung: $\alpha \leqq s, t \leqq \beta$ (s_0 innerhalb (α, β)) geben, in der $Re\, k(s, t) < 0$ wäre. Setzen wir nun $f(s) = 0$ für $a \leqq s \leqq \alpha$ und $\beta \leqq s \leqq b$ und $f(s) = 1$ für $\alpha < s < \beta$, dann wäre

$$\begin{aligned} Re\,\langle Kf, f\rangle &= \iint Re k(s, t)\, f(s)\, f(t)\, ds\, dt \\ &= Re \iint k(s, t)\, ds\, dt < 0 \end{aligned}$$

im Widerspruch zur Voraussetzung.

Für einen stetigen definiten Kern läßt sich nun der Mercersche Satz beweisen:

(12. 12) *Die Reihe*

$$\sum_{i=1}^{\infty} \lambda_i^{-1} \varphi_i(s)\, \bar{\varphi}_i(t)$$

konvergiert gleichmäßig absolut gegen $k(s, t)$.

Beweis: Ohne Beeinträchtigung der Allgemeinheit können wir annehmen, daß die $\lambda_i > 0$ sind. Anderenfalls würden wir k durch $-k$ ersetzen.

Wir schätzen wieder ab:

$$(12.13)\quad \left(\sum_{i=m}^{n}\left|\lambda_i^{-1}\varphi_i(s)\bar{\varphi}_i(t)\right|\right)^2$$
$$\leqq \sum_{i=m}^{n}|\lambda_i^{-1/2}\varphi_i(s)|^2\cdot\sum_{i=m}^{n}|\lambda_i^{-1/2}\varphi_i(t)|^2.$$

Wir müssen nun zeigen, daß die Reihen auf der rechten Seite gleichmäßig absolut konvergieren.

Wir bilden den Kern

$${}_nk(s,t) = k(s,t) - \sum_{i=1}^{n}\lambda_i^{-1}\varphi_i(s)\bar{\varphi}_i(t).$$

Da die Funktionen in der Summe stetig sind, ist auch der Kern ${}_nk$ stetig. Aus (12. 1) folgt

$${}_nk = \sum_{i=n+1}^{\infty}\lambda_i^{-1}\varphi_i \otimes \bar{\varphi}_i$$

(im L_2-Sinne). Aus dieser Darstellung folgt, daß ${}_nk$ hermitesch und sogar positiv definit ist. Also ist

$${}_nk(s,s) = k(s,s) - \sum_{i=1}^{n}\lambda_i^{-1}|\varphi_i(s)|^2 \geqq 0,$$

die Teilsummen sind nach oben beschränkt, die Glieder der Reihe positiv, also konvergiert die Reihe. Da $k(s,s)$ als stetige Funktion beschränkt ist, hat die Summe auch eine von s unabhängige Schranke.

Halten wir nun t fest, so liefert uns die Abschätzung (12. 13) die gleichmäßige und absolute Konvergenz der linken Seite in s, da die erste rechte Summe beschränkt bleibt und die zweite gegen 0 geht. Es folgt, daß die Summe

$$\sum_{i=1}^{\infty}\lambda_i^{-1}\varphi_i(s)\,\bar{\varphi}_i(t) = h(s,t)$$

in s stetig ist. In $L_2(s)$ gilt außerdem (für jedes t)

(12. 14) $$k(s,t)=\sum_{i=1}^{\infty}\lambda_i^{-1}\varphi_i(s)\,\overline{\varphi}_i(t)=h(s,t)$$

wegen $K\varphi_i=\lambda_i^{-1}\varphi_i$ und $K\psi=o$ für $\psi\in\mathfrak{N}$. Da beide Seiten stetig sind in s, gilt die Gleichung identisch. $h(s,t)$ ist also stetig in (s,t), insbesondere also $h(s,s)$ stetig in s, nach dem Satz von Dini konvergiert also $\sum_{i=1}^{\infty}|\lambda_i^{-1/2}\varphi_i(s)|^2$ gleichmäßig absolut, und damit nach (12. 13) auch die Reihe (12. 1). Damit folgt der Satz aus (12. 14).

Unter den Voraussetzungen des Mercerschen Satzes folgt auch gleichmäßig absolute Konvergenz von (12. 4). Man kann sie unmittelbar aus der gleichmäßig absoluten Konvergenz von $\sum_{i=1}^{\infty}|\lambda_i^{-1/2}\varphi_i(s)|^2$ ableiten.

§ 13. Anwendungen auf nichthermitesche Kerne

Unsere bisherigen Ergebnisse über hermitesche (oder allgemeiner normale) Kerne können wir benutzen, um auch für größere Klassen von Kernen verschiedene ähnliche Sätze abzuleiten.

Analoge Entwicklungssätze wie im normalen Falle können wir nicht erwarten (vgl. 11. 15). Weder die Eigenfunktionen von K noch die von K^* bilden im allgemeinen ein Orthonormalsystem. Für verschiedene Eigenwerte λ und μ gilt nur $\mathfrak{N}_\lambda^1\perp\mathfrak{N}_{\overline{\mu}}^{*1}$ (8. 14).

Wir versuchen deshalb, aus dem Kern K auf natürliche Weise hermitesche Kerne zu gewinnen.

Es liegt nahe, $P=KK^*$ und $Q=K^*K$ zu bilden.

Die Kerne P und Q sind hermitesch, sogar positiv definit: $(KK^*)^*=K^{**}K^*=KK^*, \langle Pf,f\rangle=\langle K^*f,K^*f\rangle=\|K^*f\|^2>0$, entsprechend für Q.

(13. 1) *P und Q haben die gleichen Eigenwerte und in der gleichen Vielfachheit.*

Beweis: Sei φ_i ein Eigenvektor von P zum Eigenwert λ_i.

Wir bilden dann

$$\psi_i = \sqrt{\lambda_i} K^* \varphi_i . \tag{13. 2}$$

ψ_i ist Eigenvektor von Q zum gleichen Eigenwert:

$$\lambda_i Q \psi_i = \lambda_i K^* K \sqrt{\lambda_i} K^* \varphi_i = \sqrt{\lambda_i} K^* \lambda_i K K^* \varphi_i = \sqrt{\lambda_i} K^* \varphi_i = \psi_i .$$

Außerdem ist $\sqrt{\lambda_i} K \psi_i = \lambda_i K K^* \varphi_i = \varphi_i$, also $\psi_i \neq o$. Ist umgekehrt ψ_i Eigenvektor von Q, so erhalten wir durch

$$\varphi_i = \sqrt{\lambda_i} K \psi_i \tag{13. 3}$$

wieder einen Eigenvektor von P.

$\sqrt{\lambda_i} K^*$ bildet also den Eigenraum von P auf den von Q ab und $\sqrt{\lambda_i}\, K$ ist die Umkehrung dieser Abbildung. Es folgt, daß die Dimensionen der Eigenräume gleich sind, d. h. also auch die Vielfachheiten der Eigenwerte.

Die Abbildungen (13. 2) und (13. 3) leisten jedoch noch mehr: Sind die $\{\varphi_i\}$ ein Orthonormalsystem, so auch die zugeordneten $\{\psi_i\}$ (und umgekehrt).

$$\langle \psi_i, \psi_j \rangle = \langle \sqrt{\lambda_i} K \varphi_i, \sqrt{\lambda_j} K \varphi_j \rangle = \langle \lambda_i K K^* \varphi_i, \varphi_j \rangle \sqrt{\lambda_j \lambda_i^{-1}}$$
$$\langle \varphi_i, \varphi_j \rangle \sqrt{\lambda_j \lambda_i^{-1}} = \delta_{ij} .$$

Sei nun $h = Pf$. Dann ist, wie wir wissen, h nach den φ_i entwickelbar, und zwar absolut gleichmäßig, wenn K (und damit auch P) in $\mathfrak{B}(\mathfrak{C}^2)$ liegt. Wir beweisen nun etwas mehr: Sei $h = Kf$. Dann ist

$$h = \sum_{i=1}^{\infty} \langle h, \varphi_i \rangle \varphi_i . \tag{13. 4}$$

Die Reihe konvergiert absolut und gleichmäßig, wenn $K \in \mathfrak{B}(\mathfrak{C}^2)$.

Ein entsprechender Satz gilt für die Entwicklung

$$(13.5) \qquad g = \sum_{i=1}^{\infty} \langle g, \psi_i \rangle \psi_i, \text{ wenn } g = K^* f.$$

Beweis: $\| h \|^2 = \langle Kf, Kf \rangle = \langle K^* Kf, f \rangle = \langle Qf, f \rangle$

$$= \langle \sum_{i=1}^{\infty} \left(\frac{\psi_i \otimes \overline{\psi}_i}{\lambda_i} \right) f, f \rangle = \langle \sum_{i=1}^{\infty} \frac{1}{\lambda_i} \langle f, \psi_i \rangle \psi_i, f \rangle$$

$$= \sum_{i=1}^{\infty} \frac{1}{\lambda_i} \langle f, \psi_i \rangle \langle \psi_i, f \rangle = \sum_{i=1}^{\infty} \frac{1}{\lambda_i} | \langle f, \psi_i \rangle |^2$$

$$= \sum_{i=1}^{\infty} | \langle f, K^* \varphi_i \rangle |^2 = \sum_{i=1}^{\infty} | \langle Kf, \varphi_i \rangle |^2 = \sum_{i=1}^{\infty} | \langle h, \varphi_i \rangle |^2.$$

Daraus folgt nach (4. 11) $h = \sum_{i=1}^{\infty} \langle h, \varphi_i \rangle \varphi_i$.

Sei nun $K \in \mathfrak{B}(\mathfrak{C}^2)$. Es folgt $K^* \in \mathfrak{B}(\mathfrak{C}^2)$ und damit, wie wir in § 8 gesehen haben, die Stetigkeit von $P = KK^*$. Aus dem Mercerschen Satze ergibt sich nun, daß

$$P(s, s) = \sum_{i=1}^{\infty} \frac{| \varphi_i(s) |^2}{\lambda_i},$$

wobei die Reihe absolut und gleichmäßig konvergiert. Wie früher schätzen wir nun ab:

$$\left(\sum_{i=1}^{\infty} | \langle h, \varphi_i \rangle \varphi_i(s) |\right)^2 = \left(\sum_{i=1}^{\infty} | \langle Kf, \varphi_i \rangle \varphi_i(s) |\right)^2$$

$$= \left(\sum_{i=1}^{\infty} | \langle f, K^* \varphi_i \rangle \varphi_i(s) |\right)^2 = \left(\sum_{i=1}^{\infty} \left| \frac{1}{\sqrt{\lambda_i}} \langle f, \psi_i \rangle \varphi_i(s) \right|\right)^2$$

$$\leqq \sum_{i=1}^{\infty} \frac{| \varphi_i(s) |^2}{\lambda_i} \sum_{i=1}^{\infty} | \langle h, \psi_i \rangle |^2 \leqq \sum_{i=1}^{\infty} \frac{| \varphi_i(s) |^2}{\lambda_i} \| h \| .$$

Diese Abschätzung liefert aber die absolute und gleichmäßige Konvergenz.

Ergänzen wir die φ_i durch $\tilde{\varphi}_i$ mit $P\tilde{\varphi}_i = o$ zu einem vollständigen Orthonormalsystem und entsprechend die ψ_i

durch $\tilde{\psi}_i$ mit $Q\tilde{\psi}_i = o$, so ist $\varphi \otimes \tilde{\psi}$ ein vollständiges Orthonormalsystem in $\mathfrak{L}^2$. Dann gilt, sowohl für $\psi = \tilde{\psi}_i$ als auch für $\psi = \psi_j \neq \psi_i$

$$\langle K\psi, \varphi_i\rangle = \langle \psi, K^*\varphi_i\rangle = \sqrt{\lambda_i^{-1}}\langle \psi, \psi_i\rangle = 0 .$$

Aus (13. 4) folgt hieraus $K\tilde{\psi} = o$. Entsprechend gilt $K^*\tilde{\varphi} = o$ und damit schließlich

$$K = \sum_{i=1}^{\infty} \frac{1}{\sqrt{\lambda_i}} \varphi_i \otimes \bar{\psi}_i \tag{13. 6}$$

(wobei die Konvergenz im $\mathfrak{L}^2$-Sinne verstanden ist).

Ist darüber hinaus $k(s, t)$ stetig und die Entwicklung in s oder t gleichmäßig konvergent, so ist ihr Limes $k(s, t)$ (für jedes s und t).

Beweis: Sei $\tilde{k}(s, t) = \sum_{i=1}^{\infty} \frac{1}{\sqrt{\lambda_i}} \varphi_i(s)\, \bar{\psi}_i(t)$, die Konvergenz etwa gleichmäßig in t. Dann ist $\tilde{k}(s, t)$ stetig in t und die Integration nach t kann gliedweise ausgeführt werden. Insbesondere kann

$$\int | k(s, t) - \tilde{k}(s, t) |^2 \, dt = \int \Big| k(s, t) - \sum_{i=1}^{\infty} \frac{1}{\sqrt{\lambda_i}} \varphi_i(s) \bar{\psi}_i(t) \Big|^2 dt$$

gliedweise integriert werden.

Aus

$$\int \Big| k(s, t) - \sum_{i=1}^{n} \frac{1}{\sqrt{\lambda_i}} \varphi_i(s) \bar{\psi}_i(t) \Big|^2 dt = P(s, s) - \sum_{i=1}^{n} \frac{| \varphi_i(s) |^2}{\lambda_i} \to 0$$

folgt dann $\int | k(s, t) - \tilde{k}(s, t) |^2 dt = 0$ und damit wegen der Stetigkeit in t: $k(s, t) = \tilde{k}(s, t)$.

Für einen stetigen, positiv definiten hermiteschen Kern erhalten wir damit eine Erweiterung der früher gegebenen Entwicklungssätze, wofern er sich in der Gestalt

$$P = KK^*$$

darstellen läßt.

Im Rest dieses Abschnittes wollen wir uns nun noch mit einigen Kernen befassen, die man als Verallgemeinerung der hermiteschen Kerne ansehen kann.

Betrachten wir zuerst Kerne der Gestalt

$$k(s, t) = k_1(s)\, \tilde{h}(s, t)\, k_2(t),$$

wo $\tilde{h}$ ein hermitescher reeller Kern und k_1 und k_2 zwei reelle stetige Funktionen sind, die im betrachteten Intervall nicht verschwinden sollen.

Wir merken zuerst an, daß wir k_1 und k_2 auch als positiv voraussetzen können, da wir andernfalls nur das Vorzeichen von $\tilde{h}$ entsprechend einzurichten brauchen. Auch genügt es, $k_2 = k_1^{-1}$ anzunehmen, also

$$k(s, t) = k(s)\, h(s, t)\, k^{-1}(t),$$

da

$$h(s, t) = \sqrt{k_1(s)\, k_2(s)\, k_1(t)\, k_2(t)}\; \tilde{h}(s, t)$$

ebenfalls reell hermitesch ist und $k = k_1 k_2^{-1}$ dann die Gleichung erfüllt.

Sei r_H die Resolvente zu H, r_K die zu K.

Aus

$$\begin{aligned} & k(s) \int r_H(s, \tau;\, \lambda)\, h(\tau, t) k^{-1}(t)\, d\tau \\ = & \int k(s)\, r_H(s, \tau;\, \lambda)\, k^{-1}(\tau)\, k(\tau)\, h(\tau, t)\, k^{-1}(t)\, d\tau \\ = & \int \tilde{r}(s, \tau;\, \lambda)\, k(\tau, t)\, d\tau \end{aligned}$$

erhalten wir $\tilde{R} - K = \lambda \tilde{R} K$ und entsprechend $\tilde{R} - K = \lambda K \tilde{R}$, also $\tilde{R} = R_K$, $r_K(s, t;\, \lambda) = k(s)\, r_H(s, t;\, \lambda)\, k^{-1}(t)$.

Da r_H nur reelle einfache Pole hat, gilt dies auch für r_K. Die Eigenwerte von K sind also alle reell, die zugehörigen Pole der Resolvente einfach.

Ist ψ ein Eigenvektor von H, so ist $\varphi = k\psi$ ein Eigenvektor von K, $\chi = k^{-1}\psi$ ein solcher von K^* und umgekehrt.

Man erhält dies unmittelbar durch Auswertung der Definitionen.

Sei $\{\psi_i\}$ ein Orthonormalsystem von Eigenvektoren für H. Wir bilden dann φ_i und χ_i mittels der oben angegebenen Zuordnung und erhalten

$$\langle \varphi_i, \chi_j \rangle = \int \psi_i(s)\, k(s)\, \overline{\psi}_j(s)\, k^{-1}(s)\, ds = \langle \psi_i, \psi_j \rangle = \delta_{ij}$$

(vgl. 10. 16).

Aus der Entwicklung der Resolvente r_H im Eigenwerte λ_0 folgt dann sofort

$$r_K(s, t; \lambda) = \sum_{i=1}^{\infty} \frac{\varphi_i(s)\, \overline{\psi}_i(t)}{\lambda - \lambda_0} + \tilde{r}\,(s, t, \lambda),$$

wo das Restglied $\tilde{r}$ in λ_0 regulär ist.

Schließlich folgt aus $\langle \psi_i, \psi_j \rangle = \delta_{ij}$

$$\int \varphi_i(s)\, \overline{\varphi}_j(s)\, k^{-2}(s)\, ds = \delta_{ij}.$$

Die φ_i sind also, wie man sagt, orthogonal und normiert bezüglich der Belegung $k^{-2}(s)$.

Zuletzt geben wir auch einen Entwicklungssatz an:

Ist $g = Kf$, so gilt

$$g = \sum_{i=1}^{\infty} \alpha_i \varphi_i, \quad \text{wo } \alpha_i = \int g(s)\, \overline{\varphi}_i(s)\, k^{-2}(s)\, ds.$$

Die Entwicklung konvergiert absolut und gleichmäßig, wenn $K \in \mathfrak{B}(\mathfrak{C}^2)$.

Dieser Satz ergibt sich unmittelbar aus der Entwicklung bei hermiteschen Kernen:

Setzen wir $\tilde{g} = gk^{-1}$, $\tilde{f} = fk^{-1}$, so ist

$$\tilde{g} = \sum_{i=1}^{\infty} \alpha_i \psi_i, \; \alpha_i = \langle \tilde{g}, \psi_i \rangle = \int \tilde{g}(s)\, \overline{\psi_i(s)}\, ds$$
$$= \int g(s)\, \overline{\varphi}_i(s)\, k^{-2}(s)\, ds.$$

$k(s)$ ist als stetige positive Funktion beschränkt, ebenso wie ihre Inverse k^{-1}.

Aus den Konvergenzaussagen für die Entwicklung von $\tilde{g}$ folgen dann entsprechende für g.

Die eben behandelten Kerne können wir allgemeiner zu der Klasse von Kernen rechnen, für die die Resolvente nur einfache reelle Pole besitzt.

Diese können wir auch auf andere Weise charakterisieren. Nennen wir einen Kern links- (bzw. rechts-) symmetrisabel, (man nennt einen reellen hermiteschen Kern auch symmetrisch) wenn es einen hermiteschen Kern P und einen positiv definiten hermiteschen Kern Q gibt, so daß $QK = P$ (bzw. $KQ = P$). Außerdem soll $Q\varphi \neq o$ sein für alle Eigenvektoren φ von K (bzw. für alle Eigenvektoren von K^*).

Wir können nun zeigen:

Die Resolvente von K besitzt genau dann nur einfache reelle Pole, wenn K links- (bzw. rechts-) symmetrisierbar ist.

Beweis: Es genügt, die Behauptung für die links-Symmetrisierbarkeit zu beweisen. Denn K ist genau dann links-symmetrisabel, wenn K^* rechts-symmetrisabel ist, und die Resolvente von K hat genau dann einfache reelle Pole, wenn die Resolvente von K^* solche hat.

Nehmen wir also an, die Resovente von K habe nur solche Pole, nennen wir sie λ_i. Wir wissen, daß wir dann Eigenvektoren φ_i und χ_i zu K und K^* so wählen können, daß (10. 16) erfüllt ist. Wählen wir nun eine Folge $\mu_i > 0$ so, daß $\mu_i = \mu_j$, wenn $\lambda_i = \lambda_j$, und $\sum_{i=1}^{\infty} \chi_i \otimes \chi_i \frac{1}{\mu_i}$ konvergiert (in $\mathfrak{L}^2$), (es genügt, etwa $\mu_i = |\lambda_i|$ zu nehmen), und setzen wir diese Summe gleich Q, so ist

$$QK = \sum_{i=1}^{\infty} \frac{1}{\mu_i} \chi_i \otimes \overline{K^*} \chi_i = \sum_{i=1}^{\infty} \frac{1}{\mu_i} \lambda_i \chi_i \otimes \bar{\chi}_i.$$

Diese letztere Summe stellt aber, wie man leicht nachprüfen kann, einen hermiteschen Operator dar, ebenso wie Q. Q ist sogar positiv definit:

$$\langle Qf, f\rangle = \sum_{i=1}^{\infty} \frac{1}{\mu_i} \langle\langle f, \chi_i\rangle \chi_i, f\rangle = \sum_{i=1}^{\infty} \frac{1}{\mu_i} |\langle \chi_i, f\rangle|^2 \geqq 0.$$

Gleichheit kann nur bestehen, wenn $\langle f, \chi_i\rangle = 0$ für alle i. Dies ist aber, wie wir in § 10 gesehen haben, nicht möglich, wenn f ein Eigenvektor zu K ist, da die Resolvente nur einfache Pole besitzt.

Sei nun umgekehrt K links-symmetrisabel, also $QK = P$, φ ein Eigenvektor von K zum Eigenwert λ. Da P hermitesch ist, ist $P^* = K^*Q = P = QK$. Es folgt

$$Q(\varphi - \lambda K\varphi) = Q\varphi - \lambda QK\varphi = Q\varphi - \lambda K^*Q\varphi = o.$$

Da Q nach Voraussetzung nicht verschwindet, ist $Q\varphi$ Eigenvektor von K^* zum Eigenwert λ. Ist $\lambda \neq \bar{\lambda}$, also nicht reell, so ist $Q\varphi = \chi \perp \varphi$, also $\langle Q\varphi, \varphi\rangle = 0$, also, da Q positiv definit ist, $Q\varphi = o$ im Gegensatz zur Voraussetzung. λ ist mithin reell. Nehmen wir nun an, der zugehörige Pol der Resolvente sei nicht einfach. Dann gibt es einen Eigenvektor χ_1 von K^*, der zu allen Eigenvektoren φ von K zum Eigenwert λ orthogonal ist. Da Q jedes φ auf ein χ abbildet und es nicht mehr linear unabhängige χ als φ gibt, außerdem $Q\varphi$ für kein φ verschwindet, muß es ein φ_1 geben mit $Q\varphi_1 = \chi_1$. Da andererseits auch $\langle \chi_1, \varphi_1\rangle = \langle Q\varphi_1, \varphi_1\rangle = 0$, erhalten wir wieder einen Widerspruch: der Pol ist einfach. Es bleibt noch anzumerken, daß wir oben Q stetig wählen können, wenn $K \in \mathfrak{B}(\mathfrak{C}^2)$. In diesem Falle sind nämlich die χ_i alle stetig und wir können durch passende Wahl der μ_i erreichen, daß die Reihe für Q absolut und gleichmäßig konvergiert.

Wir könnten noch zeigen, daß ein symmetrisierbarer Kern immer Eigenwerte hat. Doch sei dies dem Leser überlassen.

§ 14. Die Fredholmschen Determinanten

Wir hatten in der Einleitung bemerkt, daß wir auch von Näherungssummen für das Integral und den daraus abgeleiteten linearen Gleichungssystemen ausgehen könnten, um (1. 1) zu lösen.

Sei etwa $k(s,t)$ stetig. Wir zerlegen das Intervall $\langle a, b\rangle$ durch die Teilpunkte $a = \xi_0, \xi, \ldots \xi_{n-1}, \xi_n = b$ in n Teilintervalle der Länge $(b-a)\,n^{-1} = \delta(n)$. Die Integralgleichung (1. 1) können wir dann als „Grenzform" des Gleichungssystems

$$f(\xi_\mu) = \varphi(\xi_\mu) - \lambda\delta(n) \sum_{\nu=0}^{n} k(\xi_\mu, \xi_\nu)\,\varphi\,(\xi_\nu)\,(\mu = 1, \ldots, n)$$

für $n \to \infty$ ansehen.

Die Determinante dieses inhomogenen Systems ist

$$d_n(\lambda) = \det\left(\delta_{\mu\nu} - \lambda\delta(n)\,k(\xi_\mu, \xi_\nu)\right),$$

$d_n(\lambda)$ ist ein Polynom n-ten Grades in λ. Für $d_n(\lambda) \neq 0$ hat das Gleichungssystem eine einzige Lösung:

$$\varphi(\xi_\mu) = \sum_{\nu=1}^{n} f(\xi_\nu)\,d_n(\xi_\mu, \xi_\nu;\, \lambda) \,/\, d_n(\lambda),$$

wo $(-1)^{\mu+\nu} d_n(\xi_\mu, \xi_\nu;\, \lambda)$ gleich der Unterdeterminante von d_n ist, die durch Streichen der μ-ten Zeile und der ν-ten Kolonne entsteht.

Die Größe $d_n(\xi_\mu, \xi_\nu;\, \lambda)$ zeigt ein wesentlich verschiedenes Verhalten, je nachdem $\mu = \nu$ oder $\mu \neq \nu$. Im zweiten Falle hat eine ganze Kolonne den Faktor $\lambda\delta(n)$. Wir vermuten daher, daß auch nach Herausziehen dieses Faktors die Determinante konvergiert, d. h. daß, falls $\xi_\mu \to s$, $\xi_\nu \to t$,

$$d(s, t;\, \lambda) = \lim d_n(\xi_\mu, \xi_\nu;\, \lambda)\,\delta^{-1}(n)$$

existiert. Dagegen hat $d_n(\xi_\mu, \xi_\mu;\, \lambda)$ eine ähnliche Struktur wie $d_n(\lambda)$. Wir möchten daher vermuten, daß $d_n(\xi_\mu, \xi_\nu;\, \lambda) d_n(\lambda)$

(bei festem ξ_μ) gegen 1 geht. Insgesamt führt uns diese sehr grobe Betrachtung zu dem Ansatz

$$\varphi(\xi_\mu) = f(\xi_\mu)\, d_\mu(\xi_\mu, \xi_\mu;\, \lambda)\, d_n^{-1}(\lambda)$$

$$+ \sum_{\nu \neq \mu}^{1,\ldots\mu} f(\xi_\nu)\, d_n(\xi_\mu, \xi_\nu;\, \lambda)\, \delta^{-1}(n)\, d_n^{-1}(\lambda)\, \delta(n),$$

und dieser führt uns zur Vermutung, daß

$$(14.\ 1) \qquad \varphi(s) = f(s) + \frac{\lambda}{d(\lambda)} \int d(s, t;\, \lambda)\, f(t)\, dt$$

eine Lösung von (1. 1) ist, solange $d(\lambda) \neq 0$.

Die oben vermuteten Grenzübergänge lassen sich tatsächlich durchführen. Wir wollen dies hier nicht tun und auch nicht den Weg gehen, auf dem Fredholm die ersten fundamentalen Ergebnisse der Theorie erhielt, indem er auf einem ähnlichen heuristischen Weg Ansätze für die Entwicklung von $d(s, t;\, \lambda)$ und $d(\lambda)$ erhielt und mit diesen dann die Gleichung (14. 1) verifizierte. Diese Entwicklungskoeffizienten (von $d(\lambda)$ und $d(s, t;\, \lambda)$) oder genauer die in ihnen auftretenden Integranden sind die sogenannten Fredholmschen Determinanten. $d(\lambda)$ selbst wollen wir die Fredholmsche Funktion nennen.

Daß ein solcher Ansatz möglich ist, ergibt sich allerdings schon unmittelbar aus unseren bisherigen Ergebnissen. Wir wissen, daß R_λ im Endlichen nur Pole hat und bekanntlich läßt sich eine ganze analytische Funktion finden, die genau an den gleichen Stellen Nullstellen hat, deren Vielfachheit die Ordnung der Pole wenigstens erreicht.

Setzen wir dann diese Funktion gleich $d(\lambda)$ und $d(s, t;\, \lambda) = d(\lambda)\, r(s, t;\, \lambda)$, so folgt (14. 1) aus der Definition der Resolvente. Diese Überlegung zeigt uns gleichzeitig, daß verschiedene Ansätze möglich sind: Die Funktion $d(\lambda)$ kann zum Beispiel mit einem beliebigen Faktor $e^{\varphi(\lambda)}$ multipliziert werden, wo $\varphi(\lambda)$ eine ganze analytische Funktion ist. Wir werden in der Tat ein $d(\lambda)$ benutzen, das von der ursprünglichen Fredholmschen Funktion um einen solchen Faktor abweicht, dafür aber den Vorteil hat, auch für $\mathfrak{L}^2$-Kerne definiert zu sein.

Dazu betrachten wir das Integral

$$\int \bigl(r(s, s; \lambda) - k(s, s)\bigr)\, ds. \tag{14.2}$$

Wir integrieren den Kern $r - k$ also längs der Diagonale. Nehmen wir zuerst einmal an, der Kern sei stetig. Dann läßt sich dieses Integral bilden und wir erhalten eine Funktion $h(\lambda)$. In der Umgebung eines Vollwertes konvergiert das Integral sogar gleichmäßig bezüglich λ und liefert damit eine in λ analytische Funktion, die höchstens in den Eigenwerten Pole hat. Ist k dagegen aus $\mathfrak{L}^2$, so hat das Integral vorerst einmal keinen Sinn. Wir können ja jeden $\mathfrak{L}^2$-Kern auf einer Menge vom (zweidimensionalen) Maße Null willkürlich abändern. Nun ist die Diagonale (s, s) aber eine solche Menge. Wir können also a priori keine Aussage über den oben angegebenen Integranden machen. Die gleiche Situation ergibt sich für jedes Integral $\int \tilde{h}(s, s)\, ds$, wenn $\tilde{h}$ ein $\mathfrak{L}_2$-Kern ist. Nehmen wir jedoch den speziellen Fall, wo

$$\tilde{h}(s, t) = \int k_1(s, \tau)\, k_2(\tau, t)\, d\tau,$$

d. h. $\tilde{H} = K_1 K_2$, so ist nach dem Satz von Fubini

$$\langle k_1, k_2^* \rangle = \iint k_1(s, \tau)\, k_2^*(s, \tau)\, ds\, d\tau$$
$$= \iint k_1(s, \tau) \overline{k_2(\tau, s)}\, ds\, d\tau = \int ds \int k_1(s, \tau)\, \overline{k_2(\tau, s)}\, d\tau,$$

wobei die Existenz der ersten beiden Integrale die der letzten nach sich zieht. Es läßt sich also in gewisser Weise $\int \tilde{h}(s,s)\, ds$ erklären. Wir wollen nun nicht weiter darauf eingehen, wieweit diese Definition von der jeweiligen Darstellung von h abhängig ist (sie ist es nicht), sondern die gewonnene Identität für unsere Zwecke nutzen. Aus (6.14) folgt nämlich jetzt

(14. 4) $$h(\lambda) = \int\int \lambda r(s, t; \lambda)\, k(t, s)\, dt\, ds \quad \text{oder}$$
$$h(\lambda) = \langle \lambda r_\lambda, k^* \rangle .$$

Aus (6.16) und der Stetigkeit des Skalarproduktes erhalten wir dann $h(\lambda) = \sum_{\nu=0}^{\infty} \lambda(\lambda - \lambda_0)^\nu \langle r_{\lambda_0}^{\nu+1}, k^* \rangle$ für λ in der Umgebung eines Vollwertes λ_0, d. h. $h(\lambda)$ ist außerhalb der Eigenwerte regulär. Setzen wir $\lambda_0 = 0$, so erhalten wir für kleine $|\lambda|$

(14. 4) $$h(\lambda) = \sum_{\nu=1}^{\infty} \lambda^\nu \langle k^\nu, k^* \rangle .$$

Ehe wir $h(\lambda)$ in der Umgebung eines Eigenwertes untersuchen, stellen wir einige Regeln über das Skalarprodukt $\langle k_1, k_2 \rangle$ zusammen:

$$\langle k, f \otimes g \rangle = \int\int k(s, t)\, \overline{f(s)} \cdot \overline{g(t)}\, ds\, dt$$
$$= \int \overline{f(s)} \int k(s, t)\, \overline{g(t)}\, dt\, ds = \langle K\bar{g}, f \rangle .$$

Man beachte dabei, daß das erste Skalarprodukt in $\mathfrak{L}^2$, das zweite in L_2 genommen ist.

$$\langle f \otimes g, k \rangle = \overline{\langle k, f \otimes \bar{g} \rangle} = \overline{\langle K\bar{g}, f \rangle} = \langle f, K\bar{g} \rangle .$$

Nun reduzieren wir den Kern k zu einem Kern $\hat{k}$ in gleicher Weise, wie wir dies beim Beweis von (10. 6) durchgeführt haben. Wir betrachten dabei die Funktionen $h(\lambda)$ und wollen sehen, wie sie sich bei dem Reduktionsschritt ändert. Sei $\hat{h}(\lambda) = \langle \lambda \hat{r}_\lambda, \hat{k}^* \rangle$. Dann ist

$$h(\lambda) - \hat{h}(\lambda) = \langle \lambda r_\lambda, k^* \rangle - \langle \lambda \hat{r}_\lambda, \hat{k}^* \rangle$$
$$= \langle \lambda \hat{r}_\lambda, k^* - \hat{k}^* \rangle + \langle r_\lambda - \hat{r}_\lambda, k^* \rangle$$
$$= \lambda \langle \hat{r}_\lambda, \chi_1 \otimes \bar{\psi}_1 \rangle + \langle s_\lambda, k^* \rangle .$$

Aus $\hat{K}^* \chi_1 = o$ folgt $(\hat{R}_\lambda)^* \chi_1 = \hat{K}^* \chi_1 + \lambda (\hat{R}_\lambda)^* \hat{K}^* \chi_1 = o$. Weiter erhalten wir, wenn wir (10.10) und die oben gegebenen Regeln beachten.

$$\begin{aligned} h(\lambda) - \hat{h}(\lambda) &= \lambda\langle \hat{R}_\lambda \psi_1, \chi_1\rangle + \lambda\lambda_0(\lambda_0 - \lambda)^{-1}\langle \psi_1, K^* \chi_1\rangle \\ &- \lambda\lambda_0(\lambda_0 - \lambda)^{-1}\langle(\hat{R}_\lambda \psi_1) \otimes \bar{\chi}_1, k^*\rangle \\ &= \lambda\langle \psi_1, (\hat{R}_\lambda)^* \chi_1\rangle + \lambda(\lambda_0 - \lambda)^{-1}\langle K\chi_1, \chi_1\rangle \\ &- \lambda\lambda^2(\lambda_0 - \lambda)^{-1}\langle \hat{R}_\lambda \psi_1, K^* \chi_1\rangle \\ &= \lambda(\lambda_0 - \lambda)^{-1}\langle \chi_1, K^* \chi_1\rangle \\ &- \lambda(\lambda_0 - \lambda)^{-1}\langle \psi_1, (\hat{R}_\lambda)^* \chi_1\rangle \\ &= \lambda(\lambda_0 - \lambda)^{-1}\lambda_0^{-1} = -(\lambda - \lambda_0)^{-1} - \lambda_0^{-1}. \end{aligned}$$

Nach genau p Reduktionsschritten, (wo p die Ordnung des Eigenwertes λ_0 ist), hat der reduzierte Kern $\tilde{k}$ keinen Eigenwert λ_0 mehr, die entsprechende Funktion $h(\lambda)$ ist regulär in λ_0 und

$$h(\lambda) - \tilde{h}(\lambda) = -p(\lambda - \lambda_0)^{-1} - p\lambda_0^{-1}.$$

$h(\lambda)$ hat in λ_0 einen einfachen Pol mit dem Residuum $-p$. Setzen wir $d'(\lambda)/d(\lambda) = -h(\lambda)$ mit $d(0) = 1$, so ist $d(\lambda)$ eine eindeutig bestimmte ganze analytische Funktion, die in keinem Vollwert verschwindet und in jedem Eigenwert λ_ν eine p-fache Nullstelle besitzt, wenn p die Ordnung des Eigenwerts ist. Da p immer mindestens ebenso groß ist wie die Ordnung des Pols von R_λ in λ_ν, ist $d(\lambda) R_\lambda$ überall regulär. Wir setzen daher $d(\lambda) R_\lambda = D_\lambda$, also $d(\lambda)\, r(s, t; \lambda) = d(s, t; \lambda)$. Wir haben damit eine explizite Darstellung (mit Hilfe von K und R_λ) für ein $d(\lambda)$ gefunden, das den Anforderungen von (14. 1) genügt. Dies soll nun weiter untersucht werden. Zuerst verbessern wir die Abschätzung (11. 15):

Sind λ_ν die verschiedenen Eigenwerte, p_ν ihre Ordnung, so gilt

$$(14.5) \qquad \sum_{\nu=0}^{\infty} p_\nu |\lambda_\nu|^{-2} \leqq \|K\|^2.$$

Wir reduzieren wieder wie vorher und erhalten

$$\begin{aligned}\|K\|^2-\|\hat{K}\|^2 &= \langle k, k\rangle - \langle \hat{k}, \hat{k}\rangle \\ &= \langle \psi_1 \otimes \bar{\chi}_1, k\rangle + \langle k, \psi_1 \otimes \bar{\chi}_1\rangle - \langle \psi_1 \otimes \bar{\chi}_1, \psi_1 \otimes \bar{\chi}_1\rangle \\ &= \langle \psi_1, K\chi_1\rangle + \langle K\chi_1, \psi_1\rangle - \|\psi_1\|^2 \\ &= \|\psi_1\|^2 + \|\psi_1\|^2 - \|\psi_1\|^2 = \|\psi_1\|^2 .\end{aligned}$$

Nun ist

$$|\lambda_0|^{-2} = |\lambda_0|^{-2}\|\chi_1\|^2 = |\langle \chi_1, K^*\chi_1\rangle|^2$$

$$= |\langle K\chi_1, \chi_1\rangle|^2 = |\langle \psi_1, \chi_1\rangle|^2 \leqq \|\psi_1\|^2 \cdot \|\chi_1\|^2 = \|\psi_1\|^2$$

d. h. $0 \leqq \|\hat{K}\|^2 = \|K\|^2 - \|\psi_1\|^2 \leqq \|K\|^2 - |\lambda_0|^{-2}$.

Setzen wir die Reduktion fort (auch für weitere Eigenwerte), so erhalten wir schließlich nach N Reduktionsschritten $0 \leqq \|\hat{K}_N\|^2 \leqq \|K\|^2 - \sum_{\nu=1}^{N} |\lambda_\nu|^{-2}$ oder $\sum_{\nu=1}^{N} |\lambda_\nu|^{-2} \leqq \|K\|^2$, wo die λ_ν ihrer Ordnung entsprechend oft aufgeführt sind. Daraus folgt nun unmittelbar die Behauptung.

Durch Logarithmieren erhalten wir nun daraus, daß das unendliche Produkt

$$f(\lambda) = \Pi \left(1 - \frac{\lambda}{\lambda_\nu}\right) e^{\frac{\lambda}{\lambda_\nu}}$$

konvergiert, wo wieder jede Nullstelle von $d(\lambda)$ p_ν-fach aufgeschrieben ist.

$d(\lambda) : f(\lambda)$ ist verschieden von Null, der Logarithmus regulär, also

$$d(\lambda) = e^{\varphi(\lambda)} \Pi \left(1 - \frac{\lambda}{\lambda_\nu}\right) e^{\frac{\lambda}{\lambda_\nu}},$$

wo $\varphi(\lambda)$ eine ganze analytische Funktion ist mit $\varphi(0) = 0$ (wegen $d(0) = 1$).

Wir behaupten nun

$$\varphi(\lambda) = a\lambda^2.$$

In Wahrheit ist auch $a = 0$. Doch ist diese Aussage unwesentlich für das Ganze.

Wir wollen zuerst einige Folgerungen aus dieser Behauptung ableiten. Dazu bestimmen wir die Koeffizienten von

$$\varphi(\lambda) = \sum_j a_j \lambda^j.$$

Es ist offenbar

$$-h(\lambda) = \varphi'(\lambda) + \sum_\nu \left(\frac{1}{\lambda_\nu} + \frac{1}{\lambda - \lambda_\nu}\right).$$

Wir entwickeln nun nach Potenzen von λ und vergleichen mit 14. 4:

Wir erhalten $a_1 = 0$ und

$$\varrho a_\varrho = \sum_\nu \frac{1}{\lambda_\nu^\varrho} = \langle k^{\varrho-1}, k^* \rangle \text{ für } \varrho \geqq 2.$$

Für stetige k ist $\langle k^{\varrho-1}, k^* \rangle = \int k_\varrho(s, s)\, ds$. Für $\varrho \geqq 3$ erhalten wir aus unserem Satz also

$$(14.\ 6) \qquad \langle k^{\varrho-1}, k^* \rangle = \sum \frac{1}{\lambda_\nu^\varrho} \quad \text{oder}$$

$$\int k_\varrho(s, s)\, ds = \sum \frac{1}{\lambda_\nu^\varrho},$$

wo die Eigenwerte ihrer Ordnung entsprechend oft gezählt werden. Als Korollar folgt:

K besitzt genau dann keinen Eigenwert, wenn $\langle k^{\varrho-1}, k^* \rangle = 0$ (bzw. $\int k_\varrho(s, s)\, ds = 0$) für alle $\varrho \geqq 3$.

Wir beweisen unseren Satz in mehreren Schritten:

Nehmen wir zuerst an, K habe die Gestalt $\sum_{i=1}^{N} \varphi_i \otimes \bar{\chi}_i$, sei also ein sogenannter ausgearteter Kern und habe keinen Eigenwert. Wir behaupten: $h(\lambda) \equiv 0$.

Alle Kg liegen in dem von den φ_i erzeugten (endlichdimensionalen) Teilraum. Nehmen wir ein festes g. Dann muß es ein erstes $K^n g$ geben ($n > 0$), so daß $K^n g$ von den $K^i g$ mit $i < n$ abhängt.

Offenbar ist $n \leqq N$. Oder, um es anders auszudrücken: Es muß ein Polynom kleinsten Grades $p(\xi)$ geben, derart, daß $p(K)\, g = o$. Es ist $p(K) = K^n$, sonst gäbe es eine Zerlegung $p(\xi) = (\xi - \beta)\, q(\xi)$ mit $\beta \neq 0$ und $q(K)\, g \neq o$ und β^{-1} wäre ein Eigenwert mit dem Eigenvektor $q(K)\, g$. Insbesondere ist $K^N g = o$ für alle g. Die φ_i und χ_i erzeugen einen Teilraum $\mathfrak{N}$. Sei $\mathfrak{M} = \mathfrak{N}^{\perp}$, dann ist $Kf = K^* f = o$ für $f \in \mathfrak{M}$. In $\mathfrak{N}$ bilden wir nun folgendermaßen ein (endliches) vollständiges Orthonormalsystem g_i: Sei $\mathfrak{N}_i$ der Teilraum aller g in $\mathfrak{N}$ mit $K^i g = o$. Es ist $\mathfrak{N}_1 < \mathfrak{N}_2 \cdots < \mathfrak{N}_N = \mathfrak{N}$. Wir bilden nun zuerst ein Orthonormalsystem für $\mathfrak{N}_1$, ergänzen dies zu einem solchen für $\mathfrak{N}_2$ usw. bis wir schließlich eines für $\mathfrak{N}_N = \mathfrak{N}$ haben. Haben wir nun noch ein vollständiges Orthonormalsystem für $\mathfrak{M}$, so fügen wir die auch noch hinzu und erhalten so eines für den ganzen Raum.

Da $Kg_i \in \mathfrak{N}_{j-1}$, falls $g_i \in \mathfrak{N}_j$ (bzw. $Kg_i = o$, falls $j = 1$ oder $g_i \in \mathfrak{M}$), gilt für alle i:

$$Kg_i = \sum_{k=1}^{i-1} \alpha_k g_k, \quad \text{d. h.}$$

$\langle Kg_i, g_j \rangle = 0$ für $j \geqq i$.

Erst recht gilt übrigens (man erhält dies sofort durch Induktion)

$$K^\varrho g_i = \sum_{k=1}^{i-1} \alpha_k^{(\varrho)} g_k, \quad \text{also}$$

$$\langle K^\varrho g_i, g_j \rangle = 0 \quad \text{für} \quad j \geqq i.$$

Wir setzen $\langle K^\varrho g_i, g_j \rangle = \alpha_{ij}^{(\varrho)}$ ($\varrho \geqq 1$) und rechnen die Matrix für K^* aus:

$$\alpha_{ij}^{*} = \langle K^{*} g_i, g_j \rangle = \overline{\langle g_j, K^{*} g_i \rangle} = \overline{\langle K g_j, g_i \rangle} = \overline{\alpha}_{ji}$$

$$\langle k^{\varrho-1}, k^{*} \rangle = \sum_{i,j} \alpha_{i,j}^{(\varrho-1)} \alpha_{ij}^{*} = \sum_{i,j} \alpha_{ij}^{(\varrho-1)} \overline{\alpha}_{ji} (\varrho \geqq 2)$$

nach (4. 9).

Für $i \leqq j$ verschwindet nun $\alpha_{ij}^{(\varrho-1)}$ und α_{ji} für $j \leqq i$. $\langle k^{\varrho-1}, k^{*} \rangle$ verschwindet also für jedes ϱ, und damit nach (14. 4) auch $\langle \lambda r_\lambda, k^{*} \rangle$.

Nun sei K weiter ein ausgearteter Kern. Die Eigenvektoren haben die Gestalt Kg, liegen also alle im Teilraum, der von den φ_i erzeugt wird. Es gibt infolgedessen nur endlich viele linear unabhängige Eigenvektoren und daher auch nur endlich viele Eigenwerte. Wir können wieder unser Reduktionsverfahren anwenden und erhalten nach endlich vielen Schritten einen reduzierten Kern $\tilde{K}$, der ebenfalls ausgeartet ist (wir ziehen immer nur ausgeartete Kerne ab) und keinen Eigenwert besitzt. Es ist also $h(\lambda) \equiv 0$ und

$$h(\lambda) = h(\lambda) - \tilde{h}(\lambda) = -\sum \left(\frac{1}{\lambda - \lambda_\nu} + \frac{1}{\lambda_\nu} \right) = -d'(\lambda) / d(\lambda).$$

Es folgt
$$d(\lambda) = \prod_{1}^{n} \left(1 - \frac{\lambda}{\lambda_\nu} \right) e^{\frac{\lambda}{\lambda_\nu}}$$

Wir schätzen nun die rechte Seite ab:

$$| d(\lambda) |^2 \leqq \prod_{1}^{n} \left(1 - 2\,Re \left(\frac{\lambda}{\lambda_\nu} \right) + | \lambda |^2 | \lambda_\nu |^{-2} \right) e^{2Re\left(\frac{\lambda}{\lambda_\nu}\right)}$$

$$\leqq \prod_{1}^{n} exp \left\{ -2\,Re \left(\frac{\lambda}{\lambda_\nu} \right) + | \lambda |^2 | \lambda_\nu |^{-2} + 2\,Re \left(\frac{\lambda}{\lambda_\nu} \right) \right\}$$

$$= e^{| \lambda |^2 \sum_\nu \lambda_\nu^{-2}} \leqq e^{| \lambda |^2 \| K \|^2}$$

nach (14. 5).

Sei $K \in \mathfrak{B}(\mathfrak{L}^2)$ wieder ein beliebiger Kern. Dann gibt es eine Folge K_n von ausgearteten Kernen, die gegen K konvergiert (z. B. die endlichen Abschnitte einer beliebigen Matrixdarstellung oder einer Teilsumme von (13. 6). Es folgt $K_n^* \to K^*$. Sei $R_{\lambda, n}$ die Resolvente von K_n. Um zu zeigen, daß auch $R_{\lambda, n} \to R_\lambda$ und $d_n(\lambda) \to d(\lambda)$, benötigen wir einen Hilfssatz:

Seien A und B zwei Operatoren, A besitze eine Inverse A und es gelte

$$\| B - A \| < \| A^{-1} \|^{-1}.$$

Dann besitzt auch B eine Inverse B^{-1} und es gilt

$$\| B^{-1} - A^{-1} \| \leqq \| A^{-1} \|^2 \| B - A \| \Big/ (1 - \| A^{-1} \| \| B - A \|).$$

Beweis: Wir benutzen eine Verallgemeinerung der Neumannschen Reihe! Wie behaupten nämlich

$$C = A^{-1} + A^{-1}(B - A)A^{-1} + A^{-1}(B - A)A^{-1}(B - A)A^{-1} + \cdots$$
$$= \sum_{\gamma=1}^{\infty} A^{-1}((B - A)\, A^{-1})^j = \sum_{\gamma=1}^{\infty} (A^{-1}(B - A))^\gamma A^{-1}$$

konvergiert und stellt B^{-1} dar. Die Konvergenz folgt sofort aus $\| (B - A)\, A^{-1} \| \leqq \| B - A \| \, \| A^{-1} \| < 1$, und wie früher zeigt man wieder, daß $CB = BC = I$. Die Abschätzung ergibt sich dann sofort durch eine entsprechende Abschätzung der Reihe.

Nun wenden wir den Hilfssatz an: $B = I - \lambda K_n$, $A = I - \lambda K$ $A^{-1} = I + \lambda R_\lambda$. In jedem beschränkten Bereich, der keinen Eigenwert enthält, ist $\| I + \lambda R_\lambda \| \leqq M$ für passendes M. Da $| \lambda |$ beschränkt ist, läßt sich dort auch ein N finden, so daß $\| \lambda K - \lambda K_n \| < M^{-1}$ für $n \geqq N$. Unser Hilfssatz liefert dann die Existenz von $(I - \lambda K_n)^{-1} = I + \lambda R_{\lambda, n}$ und wir erhalten weiter

$$\|\lambda R_{\lambda,n} - \lambda R_\lambda\|' = \|I + \lambda R_{\lambda,n} - I - \lambda R_\lambda\|'$$
$$\leqq M^2 \|K - K_n\|' \,|\lambda|\, (1 - M \|K - K_n\|' \,|\lambda|).$$

$d'_n(\lambda)\colon d_n(\lambda) = \langle \lambda R_{\lambda,n}, K_n^* \rangle$ konvergiert also gleichmäßig gegen $\langle \lambda R_\lambda, K^* \rangle = d'(\lambda)\colon d(\lambda)$ für entsprechend eingeschränktes λ, also auch $d_n(\lambda) \to d(\lambda)$ für alle λ. Da nun auch $\|K_n\|'^2 \to \|K\|'^2$, folgt auch für K

$$d(\lambda) \leqq e^{\frac{|\lambda|^2}{2}\|K\|'^2}. \tag{14. 7}$$

Aus der Produktdarstellung für $d(\lambda)$ und dieser Abschätzung folgt nun nach einem in der Funktionentheorie geläufigen Schluß, den wir hier nicht wiederholen wollen,

$$\varphi(\lambda) = a_0 + a_1\lambda + a_2\lambda^2, \text{ also}$$
$$\varphi(\lambda) = a_2\lambda^2.$$

§ 15. Verteilung von charakteristischen Werten

Ist $K \in \mathfrak{L}^2$, so sei jetzt zwischen den gewöhnlichen Eigenwerten von K (falls sie existieren) und den singulären Werten, den sog. Schmidtschen Eigenwerten μ unterschieden, die für jeden Kern $K \in \mathfrak{L}^2$ existieren. Dabei sei zur Vereinfachung K reell angenommen. Für einen solchen Wert gilt

$$\varphi = \mu K \psi, \quad \psi = \mu K^* \varphi.$$

Die φ, ψ, μ könnten vorerst komplex sein.

Sind jetzt $K_1 = KK^*$, $K_2 = K^*K$ und also

$$k_1(s,t) = \int k(s,\tau)\, k(\tau,t)\, d\tau \tag{15. 1}$$
$$k_2(s,t) = \int k(\tau,s)\, k(\tau,t)\, d\tau,$$

so sind $k_{1,2}$ symmetrisch. Aus (15. 1) folgt

$$\varphi = \mu K \psi = \mu^2 K K^* \varphi = \mu^2 K_1 \varphi$$

und ebenso $\psi = \mu K_2 \psi$.

Es existieren also die μ^2. Da die $K_{1,2}$ außerdem nichtnegativ definit sind, ist $\mu^2 > 0$, also μ reell. Zu $-\mu$ gehören die Eigenfunktionen φ, $-\psi$, wenn φ, ψ zu μ gehören. Wir wählen nur $\mu > 0$ aus und erhalten so ein volles System von singulären Werten μ. Den Eigenwerten μ_j^2 entsprechen eindeutig $\mu_j (> 0)$ mit zugehörigen φ_j, ψ_j, die (15. 1) genügen. Die $\{\varphi_j\}$ wie die $\{\psi_j\}$ bilden für sich ein vollständiges orthonormiertes System. Um über die Größenordnung der wachsend geordneten μ_j Aussagen zu gewinnen, sei vorerst angenommen, daß k die Gestalt hat

$$k(s, t) = \int h_1(s, \tau)\, h_2(\tau, t)\, d\tau \qquad (h_{1,2} \in \mathfrak{L}^2)$$

oder

$$K = H_1 H_2.$$

In diesem Falle folgt sofort, daß die Reihe $\sum_{j=1}^{\infty} 1 : \mu_j$ konvergiert. Es ist nämlich

$$1 = \langle \varphi_j, \varphi_j \rangle = \mu_j \langle \varphi_j, K\psi_j \rangle = \mu_j \langle H_1^* \varphi_j, H_2 \psi_j \rangle$$

$$\sum_{j=1}^{\infty} 1 : \mu_j \leqq \sum_{j=1}^{\infty} \| H_1^* \varphi_j \| \cdot \| H_2 \psi_j \|$$

$$\leqq \Big(\sum_{j=1}^{\infty} \| H_1^* \varphi_j \|^2 \Big)^{\frac{1}{2}} \Big(\sum_{j=1}^{\infty} \| H_2 \psi_j \|^2 \Big)^{\frac{1}{2}}.$$

Beide Summen rechts sind konvergent, da $h_{1,2} \in \mathfrak{L}^2$. Um diese Aussage auch für allgemeines n formulieren und beweisen zu können, nennen wir $K = H_1 \cdots H_n$ eine kanonische Zerlegung von K, wenn für die den H_ν zugehörigen Orthogonalsysteme $\{\varphi^{j,\varrho}\}$ $\{\psi^{j,\varrho}\}$ mit den singulären Werten $\mu_{j,\varrho}$ gilt

$$\varphi_{j,\varrho+1} = \psi_{j,\varrho} \; (\varrho = 1, \ldots, n-1).$$

K selbst habe die singulären Werte μ_j mit den Orthonormalsystemen $\{\varphi_j\}$ $\{\psi_j\}$. Es wird behauptet

$$\mu_j = \mu_{j,1}\, \mu_{j,2} \cdot \mu_{j,n}$$

$$\varphi_j = \varphi_{j,1} \qquad \psi_j = \psi_{j,n}.$$

Ist das für $n = 2$ bewiesen, so folgt es sofort für allgemeines n durch Induktion: $K = (H_1 \cdots H_{n-1}) H_n$.

Beweis: Für jede Funktion $f \in L_2$ gilt

$$H_2 f = \sum_{\gamma=1}^{\infty} \frac{\varphi_{\gamma,2} \langle \psi_{\gamma,2}, f\rangle}{\mu_{\gamma,2}} = \sum_{\gamma=1}^{\infty} \frac{\psi_{\gamma,1} \langle \psi_{\gamma,2}, f\rangle}{\mu_{\gamma,2}}$$

$$H_1 H_2 f = \sum_{\gamma=1}^{\infty} \frac{H_1 \psi_{\gamma,1} \langle \psi_{\gamma,2}, f\rangle}{\mu_{\gamma,2}} = \sum_{\gamma=1}^{\infty} \frac{\varphi_{\gamma,1} \langle \psi_{\gamma,2}, f\rangle}{\mu_{\gamma,1}, \mu_{\gamma,2}}$$

Das bedeutet aber: $\varphi_{\gamma,1} \psi_{\gamma,2}$ sind die zu K gehörenden Orthonormalsysteme und $\mu_j = \mu_{\gamma,1} \mu_{\gamma,2}$ die singulären Werte. Nun ist (Höldersche Ungleichung)

$$\sum_{\gamma=1}^{\infty} \left(\frac{1}{\mu_\gamma}\right)^{2/n} = \sum_{\gamma=1}^{\infty} \left(\frac{1}{\mu_{\gamma,1}}\right)^{2/n} \cdots \left(\frac{1}{\mu_{\gamma,n}}\right)^{2/n} \leq \prod_{\varrho=1}^{n} \left(\sum_{\gamma=1}^{\infty} \frac{1}{\mu^2_{\gamma,\varrho}}\right)^{\frac{1}{n}}$$

Die Summen $\sum\limits_{\gamma=1}^{\infty} 1 : \mu^2_{\gamma,\varrho}$ konvergieren ja, da sie Eigenwerte von nichtnegativ definiten Kernen sind.

Es gilt also bei kanonischer Zerlegung von K in n Faktoren:

$\sum\limits_{\gamma=1}^{\infty} 1 : \mu_\gamma^{2/n}$ ist konvergent.

§ 16. Anleitungen zu den Aufgaben

Aufg. 7: Man betrachte zum Beispiel die Potenzreihenentwicklung irgendeiner ganzen Funktion.

Aufg. 8. Man zeige, daß die Komponenten der x gleichmäßig gegen die Komponenten einer beschränkten Folge x konvergieren. Dann führe man die Annahme, daß x einen Häufungspunkt $\alpha \neq 0$ besitzt zum Widerspruch.

Aufg. 9: Die Vollständigkeit läßt sich leicht zeigen. Für die übrigen Behauptungen betrachte man $h(t) \equiv t - \frac{1}{2}$.

Man bilde dann dazu f_n, die in $\mathfrak{M}$ liegen und $f_n(t) > h(t) - \frac{1}{n}$ erfüllen. Mit Hilfe dieser f_n zeige man $d(g, \mathfrak{M}) \leqq \frac{1}{2}$. Ferner beweise man: Aus $d(g, f) \leqq \frac{1}{2}$ folgt $Re\, f(t) > h(t)$; daraus läßt sich dann $d(g, \mathfrak{M}) \geqq \frac{1}{2}$ und $d(g, f) > \frac{1}{2}$ für $f \in \mathfrak{M}$ folgern.

Aufg. 11. Man betrachte die Verbindungsstrecke der beiden Fußpunkte und benutze die Dreiecksungleichung.

Aufg. 13: Die Notwendigkeit ergibt sich unmittelbar. Sei umgekehrt die Parallelogrammgleichung gegeben. Wir definieren dann

$$\langle x, y\rangle = \frac{1}{4}(\| x + y \|^2 - \| x - y \|^2) + \frac{i}{4}(\| x + iy \|^2 - \| x - iy \|^2).$$

Man zeigt leicht 4. 1. 1 und 4. 1. 3 sowie $\langle x, x\rangle = \| x \|^2$. Mit Hilfe der Parallelogrammgleichung folgt nun durch einige Umformungen $\mathrm{Re}\langle x_1 + x_2, y\rangle = \mathrm{Re}\langle x_1, y\rangle + \mathrm{Re}\langle x_2, y\rangle$ und entsprechend für den Imaginärteil, indem man y durch iy ersetzt, also $\langle x_1 + x_2, y\rangle = \langle x_1, y\rangle + \langle x_2, y\rangle$. Durch Induktion folgt $\langle nx, y\rangle = n\langle x, y\rangle$ und daraus $\langle rx, y\rangle = r\langle x, y\rangle$ für alle rationalen r. Daraus ergibt sich aber wegen der Stetigkeit der Norm und wegen $\langle ix, y\rangle = i\langle x, y\rangle$: $\langle \alpha x, y\rangle = \alpha\langle x, y\rangle$ für alle komplexen α.

Aufg. 14: Man approximiere eine Treppenfunktion durch Polygonzüge.

Aufg. 15: Der Raum besteht aus Folgen $\{\alpha_\nu\}$. Ihre endlichen Abschnitte liegen jeweils in endlichdimensionalen euklidischen Räumen. Mit Hilfe der dort gegebenen Identitäten und Ungleichungen kann man durch Grenzübergang zeigen, daß l_2 ein linearer Raum ist, in dem das Skalarprodukt überall definiert ist und den Bedingungen 4. 1. 1 bis 4. 1. 3 genügt. Um die Vollständigkeit nachzuweisen, überlege man zunächst, daß jede Cauchyfolge $\{x_n\}$ gliedweise gegen ein Grenzelement x konvergiert (vgl. Aufg. 8). Um die Zugehörigkeit von x zu l_2 zu beweisen, betrachtet man wieder die endlichen Abschnitte dieser Folge und findet eine gemeinsame Schranke für ihre (euklidischen) Normen. Entsprechend erhält man Abschätzungen für $\| x_n - x \|$ und damit die Konvergenz der x_n gegen x.

Aufg. 16: Sei $Q = x^n(1-x)^n$, also $P_n = Q_n^{(n)}$. Man zeige durch partielle Integration für $m < n$

$$\begin{aligned} \langle Q_n^n, Q_m^m \rangle &= -\langle Q_n^{(n-1)}, Q_m^{(m+1)} \rangle = \cdots \\ &= (-1)^{m+1} \langle Q_n^{(n-m-1)}, Q_m^{(2m+1)} \rangle \\ &= (-1)^{m+1} \langle Q_n^{(n-m-1)}, 0 \rangle = 0. \end{aligned}$$

Die Vollständigkeit ergibt sich aus dem Satz von Weierstraß.

Aufg. 19: $\| A \| = \frac{1}{2}$.

Aufg. 20: $\| A \| = 2$.

Aufg. 21: Aus der Schwarzschen Ungleichung erhält man

$$\left| \frac{1}{\sqrt{n}} \sum_{\nu=1}^{n} \alpha_\nu \right| \leqq \| \{\alpha_\nu\} \| .$$

Hieraus folgt a) und $\| A \| \leqq (\log 2)^{-1}$. Umgekehrt läßt sich ein $\{\alpha_\nu\}$ mit $\| A\{\alpha_\nu\} \| = (\log 2)^{-1} \| \{\alpha_\nu\} \|$ finden.

c) Man findet leicht ein Beispiel in $\mathfrak{c}_0$, für das $\{\beta_\nu\}$ nicht in $\mathfrak{c}_0$ liegt. Sei umgekehrt $\alpha_\nu = \frac{1}{\nu}$. Dann liegt $\{\beta_\nu\}$ nicht in l_2.

Aufg. 22. Alle Af liegen in $\mathfrak{c}_0$. Andererseits betrachte man die Folge $f_n = \sin^2 nt$.

Aufg. 24. Man nehme an, er sei nicht beschränkt und führe einen Widerspruch herbei.

Aufg. 29: Man löst die Gleichung $(I - \lambda A)\{\alpha_\nu\} = \{\beta_\nu\}$ induktiv auf und erhält so die Gestalt der Resolvente. Dann zeigt man, daß diese Resolvente für $|\lambda| < 1$ ein beschränkter Operator in c_0 ist, hingegen nicht mehr für $|\lambda| \geqq 1$. Die Vollwerte bilden also gerade die offene Kreisscheibe $|\lambda| < 1$.

Aufg. 30: Man zeigt, daß $\|A^n\| = \frac{1}{(n+1)!}$ und leitet daraus her, daß die Neumannsche Reihe für alle λ konvergiert. Also sind alle λ Vollwerte.

Aufg. 31: Man löse die entsprechenden Gleichungssysteme für die Komponenten. Man sieht dann, daß der Operator in Aufg. 27 keine Eigenwerte besitzt. Für Aufg. 28 gilt: Alle λ mit $|\lambda| < 1$ sind Eigenwerte mit Eigenvektoren der Gestalt $\{\lambda^{-\nu}\alpha\}$.

Aufg. 32: Sei $x_n = \{\alpha_{n,\nu}\}$ eine beschränkte Folge, also $\max |\alpha_{n,\nu}| \leqq M$ für alle n oder $|\alpha_{n,\nu}| \leqq M$ für alle n und ν. $y = \left\{\frac{1}{\nu}\alpha_{n,\nu}\right\}$. Hieraus läßt sich nun, da die $\{\alpha_{n,\nu}\}$ beschränkt sind, eine Teilfolge $y_n^{(1)}$ auswählen, für die $\alpha_{n,1}$ konvergiert, daraus eine Teilfolge $y_n^{(2)}$, für die auch die zweite Komponente konvergiert usw. Setzt man schließlich $y_n^{(n)} = \left\{\frac{1}{\nu}\alpha'_{n,\nu}\right\}$, so konvergieren die $\alpha'_{n,\nu}$ für jedes ν. $y_n^{(n)}$ ist nun eine konvergente Folge: Sei ε gegeben, dann wähle man ν_0 so groß, daß $M_{\nu_0} - 1 < \frac{\varepsilon}{2}$, N so groß, daß $\frac{1}{\nu}|\alpha^1_{n,\nu} - \alpha^1_{m,\nu}| < \varepsilon$ für $n, m > N$ und $\nu = 1, 2, \ldots, \nu_0$. Es ist dann $\|y_n^{(n)} - y_m^{(m)}\| < \varepsilon$ für $n, m > N$. Es ist $R_\lambda\{\beta_\nu\} = \{\alpha_\nu\}$ mit $\alpha_n = \frac{1}{n-\lambda}\beta_n$. Die Resolvente existiert für $\lambda \neq n$. Eigenwerte sind alle ganzen Zahlen n und $\{\alpha_\nu\} = \{\alpha\delta_{n,i}\}$ die dazugehörenden Eigenfolgen.

Aufg. 33: Man mache sich klar, daß alle Elemente aus $\mathfrak{N}_\lambda^\nu$ im Bildraum des Operators K liegen und daher die Gestalt $\alpha_1 + \alpha_2 \cos t + \alpha_3 \sin t$ haben. Nun ist es leicht, nachzurechnen, welche λ Eigenwerte sein können und wie die zugehörigen $\mathfrak{N}_\lambda^\nu$ aussehen. Entsprechend verfährt man bei k.

§ 17. Ergänzungen

1. Norm und Distanz

Durch die *Norm* wird ein linearer Raum metrisch, wenn als Entfernung zweier Punkte $d(x, y) = \| x - y \|$ definiert wird. Sie genügt den üblichen Bedingungen:

1) $d(x, y) \geqq 0$ 2) $d(x, y) = 0 \frown x = y$ 2') 2) mit $\frown$
3) $d(x, y) = d(y, x)$ 4) $d(x, z) \leqq d(x, y) + d(y, z)$ oder
4') $d(x, z) \leqq d(x, y) + d(z, y)$.

Die Umkehrung braucht nicht zu gelten.

Aufgabe 36: Sind d_1, d_2 zwei verschiedene Entfernungsfunktionen, so sind es auch $d_1 + d_2$ und $(d_1^2 + d_2^2)^{1/2}$.

Aufgabe 37: Es genügt, für $d(x,y)$ a) 2), 3), 4) zu erfüllen, woraus 1) folgt, oder b) aus 2), 4') abzuleiten 1) 2) 4). — Statt $d(x, y)$ sei jetzt kurz xy geschrieben. $x, y, z \ldots$ sind abstrakte Elemente einer Menge $\mathfrak{M}$ ohne strukturelle Eigenschaften (insbesondere ohne Addition).

Das Funktional $d(x, y) = xy$ ist die einzige direkt strukturgebende Funktion. Infolgedessen bedeutet $x = y$ nur: $d(x,z) = d(y,z)$; $z \in \mathfrak{M}$ und $d(z,x) = d(z,y)$; $z \in \mathfrak{M}$. Neben $d(x, y)$ ist eine Funktion $F(\alpha, \beta)$ gegeben, die mit xy durch eine Ungleichung verbunden ist.

$$xy \leqq F(xz, yz) \qquad A_1$$

Über F wird vorausgesetzt

$$F(\alpha, \beta) \leqq \alpha \text{ für } \beta \leqq 0, \quad F(\alpha, \beta) \leqq \beta \text{ für } \alpha \leqq 0, \qquad A_2$$
$$F(\alpha, \beta) < F(\alpha, 0) \text{ für } \beta < 0.$$

Behauptung: $xy \geqq 0$.

Beweis: Sei $x_0 y_0 \leqq 0$. Für beliebige z gilt dann

$$z x_0 \leqq F(z y_0, x_0 y_0) \leqq z y_0$$
$$x_0 z \leqq F(x_0 y_0, z y_0) \leqq z y_0.$$

Mit $z = x_0$ oder y_0 erhält man z. B. $x_0 x_0 \leqq 0$ und $x_0 z \leqq z x_0$, woraus man $x_0 x_0 = 0$ und $x_0 y_0 = 0$ erhält. Also gilt doch $x_0 y_0 \geqq 0$, womit 1) bewiesen ist.

2) folgt durch die Annahme:

$$xx = 0 \curvearrowright F(zx, o) \leqq F(o, xz). \qquad A_3$$

Aus $x_0 y_0 \leqq 0$ hatten wir schon $x_0 x_0 = 0$ hergeleitet. Daraus folgt mit Hilfe von A_3 $z x_0 = x_0 z$ und weiter $z y_0 = z x_0 (= x_0 z)$ sowie $y_0 x_0 = x_0 y_0 (= 0)$. Daraus kann man wie oben auf $y_0 y_0 = 0$ schließen.

Die Rollen von x_0 und y_0 lassen sich vertauschen, d. h. $y_0 z = z y_0 = z x_0 = x_0 z$, also $y_0 z = x_0 z$. Zusammen mit $z y_0 = z x_0$ heißt das $x_0 = y_0$.

Damit 2′ gilt, braucht man nur — $\mathfrak{M}$ ist eine unendliche Menge — zu fordern (stetiges Verhalten von $d(x, z)$ und F)

$$\inf \{xz;\ z \in \mathfrak{M}\} = 0, \quad \lim_{\xi \to 0} F(\xi, \xi) \, (= F(0, 0)) = 0. \qquad A_4$$

Dann folgt leicht $xx = 0$.

Die Symmetrie von xy ergibt sich aus

$$xy \leqq F(xx, yx) = F(0, yx) \leqq yx$$
$$yx \leqq F(yy, xy) = F(o, xy) \leqq xy.$$

Für $F(\xi, \eta) = \xi + \eta$ ergibt sich aus A_1 die gewöhnliche Dreiecksungleichung.

2. Orthogonalität im B-Raum

Im H-Raum heißt $x \perp y$, wenn $\langle x, y \rangle = 0$. Es folgen leicht jene Eigenschaften, die man auf Grund der anschaulichen Bedeutung von $\perp$ erwartet:

1) Symmetrie: $x \perp y \curvearrowright y \perp x$.

2) Homogenität: $x \perp y \curvearrowright \alpha x \perp \beta y$ ($\perp$ gilt für die Vektoren x, y durch Nullpunkt).

3) Additivität: $x \perp y$ & $x \perp z \curvearrowright x \perp \alpha y + \beta z$ (Vektor $\perp$ auf zwei anderen, so $\perp$ auf Ebene der zwei anderen).

4) Zu beliebigen x, y gibt es ein α, so daß $x \perp \alpha x + y$.

Im B-Raum gibt es verschiedene Möglichkeiten zur Definition (D) der Relation $\perp$. Jede von ihnen erfüllt immer nur einige der obigen Eigenschaften

D_1: $||x||^2 + ||y||^2 = ||x - y||^2$

D_2: $||x + \alpha y|| = ||x - \alpha y||$ identisch in α oder

D_2': $||y + x|| = ||x - y||$,

D_3: $||x + \alpha y|| \geqq ||x||$ (identisch in α).

Im H-Raum D_4: $\langle x, y\rangle = 0$.

Aufgabe: Man leite im H-Raum die Äquivalenz von D_1, D_2, D_2' mit D_4 her. Ebenso $D_4 \curvearrowright D_3$. Umgekehrt $D_3 \curvearrowright D_4$ durch Übergänge $\alpha \to +0$ und $\alpha \to -0$.

Im H-Raum erfüllen also alle D die Eigenschaften 1) bis 4). Im B-Raum gilt $D_1 \curvearrowright D_2'$, falls statt 2) nur gilt $x \perp y \curvearrowright x \perp -y$, weil dann $||x + y||^2 = ||x - y||^2$ gilt. Ist 2) erfüllt, so folgt $D_1 \curvearrowright D_2$. Es gibt (zweidimensionale) Räume, wo aus D_1 nicht D_2' folgt, also ($x \perp y \curvearrowright x \perp -y$) nicht gilt.

3. Bedingungen dafür, daß ein reeller *B*-Raum unter Erhaltung der Metrik sich als reeller *H*-Raum deuten läßt

Zwei Sätze sind am bekanntesten. (Wir geben die jeweilige Voraussetzung für die eingangs erwähnte Behauptung).

I) $2(||x||^2 + ||y||^2) = ||x + y||^2 + ||x - y||^2$ (s. Aufgabe 13)

(Beweisskizze weiter unten).

II) $||x|| = ||y|| \curvearrowright ||\alpha x + \beta y|| = ||\beta x + \alpha y||$ (α, β beliebig reell).

(Beweis weiter unten bei III).

Man deute beide Voraussetzungen in der elementaren ebenen Geometrie! Daß auch die Gültigkeit des Pythagoras-Satzes aus B einen H-Raum macht, nämlich

$$\| x + y \| = \| x - y \| \frown \| x + y \|^2 = \| x \|^2 + \| y \|^2$$

ergibt sich unschwer aus I).

Eine besonders interessante Voraussetzung, weil sie eine Ungleichung enthält, ist die folgende:

III) $\| x \| = \| y \| \frown \| x + y \| \leqq \| \alpha x + \alpha^{-1} y \|$ (für alle $\alpha \neq 0$) ($\alpha > 0$ ist keine Einschränkung).

Die Notwendigkeit von III ergibt sich rasch:

Sei B ein H. Dann ist, da $\alpha^2 + \alpha^{-2} \geqq 2$ für $\alpha \neq 0$

$$\begin{aligned} \| \alpha x + \alpha^{-1} y \|^2 &= \alpha^2 \| x \|^2 + 2(x, y) + \alpha^{-2} \| y \|^2 \\ &= \tfrac{1}{2}(\alpha^2 + \alpha^{-2})(\| x \|^2 + \| y \|^2) + 2(x, y) \geqq \| x \|^2 \\ &\quad + \| y \|^2 + 2(x, y) = (\| x \| + y \|)^2. \end{aligned}$$

Umgekehrt will man B als H beweisen, so führt man III auf II zurück. Dazu zeigt man zunächst: Aus der Voraussetzung III folgt III', nämlich III mit $\frown$. Sei für ein x, y und alle $\alpha \neq 0$ $\| \alpha x + \alpha^{-1} y \| \geqq \| x + y \|$, es kann $x \neq o$ und $y \neq o$ angenommen werden, ebenso $x \neq y \neq o$. Mit $\beta = \| y \| : \| x \|$ und $y = \beta y'$ ist $\| y' \| = \| x \|$, also nach Voraussetzung III

$$\begin{aligned} \| x + y \| = \| x + \beta y' \| = \sqrt{\beta} \, \| \sqrt{\beta} y' + \sqrt{\beta^{-1}} x \| \\ \geqq \sqrt{\beta} \, \| y + x \| . \end{aligned}$$

Aus den Gleichheitszeichen folgt $\beta = 1$, dann aber $\| x \| = \| y \|$, also III $\frown$ III', wobei also

III') $\quad \| x + y \| \leqq \| \alpha x + \alpha^{-1} y \| \frown \| x \| = \| y \| .$

Es gilt auch III' $\frown$ III.

Beweis: Mit $\| x \| = \| y \|$ hat die in $\alpha > 0$ stetige Funktion ein Minimum in $\alpha_0 > 0$. Dann ist

$$\| \alpha x + \alpha^{-1} y \| \geqq \| \alpha_0 x + \alpha_0^{-1} y \| \geqq \alpha\alpha_0^{-1}\alpha_0 x + (\alpha\alpha_0^{-1})^{-1}\alpha_0^{-1} y \| \geqq \| \alpha_0 x + \alpha_0^{-1} y \|$$

für alle Werte α. Nach III′ folgt $\| \alpha_0 x \| = \| \alpha_0^{-1} y \|$; $\alpha_0^2 \| x \| = \| y \|$. Da $\| x \| = \| y \|$, so $\alpha_0 = 1$, d. h. III.

Nun kann man beweisen, daß aus III (äquivalent III′) folgt: *B ist ein H-Raum.* — $\alpha, \beta > 0$ sonst beliebig:

$$\| \beta(\alpha x + \alpha^{-1} y)\, \lambda + \beta^{-1}(\alpha^{-1} x + \alpha y) \| = \| (\alpha\beta + (\alpha\beta)^{-1}) x + (\beta\alpha^{-1} + \alpha\beta^{-1})\, y \| = \| \gamma x + \gamma' y \|,$$

wobei $\gamma\gamma' = \eta^2 \geqq (\alpha + \alpha^{-1})^2$.

Aus III ergibt sich

$$\| \gamma x + \gamma' y \| = \eta \| \gamma\eta^{-1} x + \gamma'\eta^{-1} y \| \geqq \eta \| x + y \|$$
$$\geqq (\alpha + \alpha^{-1}) \| x + y \| = \| (\alpha x + \alpha^{-1} y \| + \|(\alpha^{-1} x + \alpha y)\|$$

Aus III′ schließt man $\| \alpha x + \alpha^{-1} y \| = \| \alpha^{-1} x + \alpha y \|$, d. h. II gilt. Man muß also II beweisen. II ist enthalten in IV.

IV) Es gibt ein festes $\gamma \neq 0, \pm 1$, so daß

$$\| x + y \| = \| x - y \| \curvearrowright \| x + \gamma y \| = \| x - \gamma y \| .$$

Durch Induktion kann man das mit $\gamma^n (n = 0, \pm 1, \pm 2, \ldots)$ statt γ herleiten. Man zeigt nun, daß $\| x + \alpha y \|$ (nach unten) konvex ist in $-\infty < \alpha < +\infty$. Ferner gilt ja die Stetigkeit und nirgends Konstanz. Damit kann man IV für beliebiges γ beweisen, d. h. aber II. Ziemlich rasch zeigt man II $\curvearrowright$ I. Aus I folgt sofort, B ist ein H. Man setzt nämlich $\langle x, y \rangle = \frac{1}{4}(\| x + y \|^2 - \| x - y \|^2)$ und weist die Eigenschaften des Skalarproduktes für diese Größe nach.

4. Differenzierbarkeit

Eine Funktion $z = f(x)$ $(x \in B_1;\ z \in B_2)$ heißt G-differenzierbar im Punkte (x, y) des $B_1 \times B_2$ Raumes, wenn

$$\lim_{\alpha \to 0} (f(x + \alpha y) - f(x);\ \alpha) = \tilde{f}(x, y)$$

existiert. Man spricht von rechter und linker Ableitung für $\alpha \to +0$ oder $\alpha \to -0$.

$f(x)$ heißt F-differenzierbar in (x, y), wenn

$f(x + y) - f(x) - \tilde{f}(x, y) = o(y)$ ist, wobei $\| o(y) \| \to 0$ mit $\| y \| \to 0$.

Aus der G-Differenzierbarkeit folgt natürlich nicht die F-Differenzierbarkeit.

Ist f ein (nichtlineares) Funktional, so geht der Grenzübergang zwar im Zahlenraum vor sich, entspricht aber nicht der Ableitung im gewöhnlichen Sinne.

Das Funktional $f = \| x \|$ ist G-rechtsdifferenzierbar.

Beweis: $(f(x + \alpha y) - f(x))\, \alpha^{-1}$ ist für $\alpha > 0$ als Funktion von α monoton. Denn für $0 < \alpha_1 < \alpha_2$ gilt (nach der Dreiecksungleichung)

$$\alpha_2 f(x + \alpha_1 y) = f[\alpha_1(x + \alpha_2 y) - (\alpha_2 - \alpha_1)\, x]$$
$$\leqq \alpha_1 f(x + \alpha_2 y) + (\alpha_2 - \alpha_1)\, f(x)$$
$$\alpha_2 [f(x + \alpha_1 y) - f(x)] \leqq \alpha_1 [f(x + \alpha_2 y) - f(x)],$$

d. h. Monotonie des G-Differenzenquotienten. Der Limes $\tilde{f}_+(x, y)$ existiert also; es ist nur noch zu zeigen, daß er endlich ist $(> -\infty)$.

Nun ist

$$f(x) = f(x + \alpha y - \alpha y) \leqq f(x + \alpha y) + \alpha f(-y)$$
$$-\alpha f(-y) \leqq f(x + \alpha y) - f(x);$$

$-f(-y)$ ist untere Schranke des Differenzenquotienten für alle $\alpha > 0$.

Aufgabe 38: 1) $\tilde{f}_+(x, y_1 + y_2) \leqq \tilde{f}_+(x, y_1) + \tilde{f}_+(x, y_2)$,

2) $\tilde{f}_+(x, \beta y) = \beta \tilde{f}_+(x, y)$ $(\beta > 0)$.

3) $\tilde{f}_+(x, y) = f(x)$.

Die vorausstehenden Entwicklungen gelten auch für eine *Minkowskinorm*, die den folgenden Vorschriften genügt:

1) $\| x \| > 0$ für $x \neq o$; $\| o \| = 0$ 2) $\| \alpha x \| = \alpha \| x \|$ $\alpha \geqq 0$ 3) $\| x + y \| \leqq \| x \| + \| y \|$.

5. Schranken für den kleinsten Eigenwert mit Aufgaben

Alle Funktionen seien jetzt reell, der Kern $k(s, t) \in \mathfrak{L}^2$ symmetrisch.

Aufgabe 39: Für den kleinsten Eigenwert $\lambda_1 (> 0)$ gilt dann

$$\lambda_1^{-1} = \max_{\varphi \in \mathfrak{L}^2} \left[\int_a^b \int_a^b k(s, t)\, \varphi(s)\, \varphi(t)\, dt\, ds \,/\, \int_a^b \varphi^2(s)\, ds\right].$$

Aufgabe 40: Ist $k(s, t)$ außerdem beschränkt und nichtnegativ, und ist $g(t)$ eine beliebige Funktion, so gelten folgende Schranken

$$\sup_{g \geqq 1} \left[\min_s \int_a^b k(t, s)\, g(t)\, dt \,/\, g(s)\right] < \lambda_1^{-1},$$

$$\inf_{g \geqq 1} \left[\max_a \int_a^b k(t, s)\, g(t)\, dt \,/\, g(s)\right] > \lambda_1^{-1}.$$

Beweis: Man benütze die offensichtliche Identität

$$\lambda_1^{-1} \int_a^b \varphi_1 g ds = \int_a^b [\int_a^k k(t, s)\, g(t)/\, g(s)]\, \varphi_1(s)\, g(s)\, ds.$$

Hat K eine positive Eigenfunktion φ_1, was für $k(s, t) \geqq 0$ der Fall ist, dann gilt das Gleichheitszeichen. Man wähle $g = c\varphi_1$.

Aufgabe 41: Sei $k(s, t)$ symmetrisch und $k \in \mathfrak{C}^2$, $g \in C$. Mit

$$Tg = \int_0^b k(s, t)\, g(t)\, dt$$

gilt $\lim\limits_{n \to \infty} T^n g \lambda_1^n$ ist entweder $\equiv 0$ oder eine zu λ_1 gehörige Eigenfunktion.

Aufgabe 42: Ist insbesondere $k(s, t) = k(s - t) (\geqq 0)$ gerade (also symmetrisch),

$$g_0 = 1, \; g_{n+1}(s) = \int_b^a k(s - t)\, g_n(t)\, dt,$$

so gilt

$$\lim_{n \to \infty} g_n \lambda_1^n = \psi,$$

wo ψ (positive) Eigenfunktion ist mit der Eigenschaft $\psi(s) = \psi(b - s)$.

Beweis: Daß $\psi \not\equiv 0$ ist, folgt aus der Positivität der $g_n(s)$ und aus

$$\int_0^b g_{n+1}(s)\, \psi(s)\, ds = \lambda_1^{-1} \int_0^b g_n(s)\, \psi(s)\, ds.$$

Es sei nun φ_1 statt $c\psi$ geschrieben, wobei c so gewählt ist, daß $\int_0^b \varphi_1(s)\, ds = 1$ ist. Wegen $\varphi_1(s) = \varphi_1(b - s)$ folgt daraus $\int_0^{b/2} \varphi_1(s)\, ds = \frac{1}{2}$. Also ist

$$\lambda_1^{-1}\int_0^b \varphi_1(s)\,ds = \int_0^b\int_0^b k(s-t)\,\varphi_1(t)\,ds\,dt =$$

$$= \int_0^{b/2}\varphi_1(t)\int_0^b k(s-t)\,ds\,dt + \int_{b/2}^b \varphi_1(b-t)\int_0^b k(s-t)\,ds\,dt$$

$$= \int_0^{b/2}\varphi_1(t)\int_{-t}^{b-t} k(u)\,du + \int_0^{b/2}\varphi_1(t)\int_0^b k(s-b+t)\,ds\,dt$$

$$= \int_0^{b/2}\varphi_1(t)\,[\int_{-t}^{b-t} k(u)\,du + \int_{-b+t}^{t} k(u)\,du]\,dt$$

$$= 2\int_0^{b/2}\varphi_1(t)\int_{-t}^{b-t} k(u)\,du = 2\int_0^{b/2}\varphi_1(t)\,h(t)\,dt.$$

Dabei ist $h'(t) = -k(b-t) + k(-t) = -k(b-t) + k(t) > 0$. Nehmen wir an, daß $k(t) - k(b-t) \geqq 0$ ist in $0 \leqq t \leqq b/2$. (Das folgt z. B. aus der stärkeren Annahme der Monotonie von $k(u)$.) Es ist daher

$$\lambda_1^{-1} \leqq 2h\left(\frac{2}{b}\right)\int_0^{b/2}\varphi_1(t)\,dt = h\left(\frac{2}{b}\right) = 2\int_0^{b/2} k(u)\,du,$$

$$\lambda_1^{-1} = 2(\Phi_1 h)\Big|_0^{b/2} - 2\int_0^{b/2}\Phi_1(t)\,h'(t)\,dt$$

$$= h\left(\frac{b}{2}\right) - 2\int_0^{b/2}\Phi_1(t)\,h'(t)\,dt$$

$$\geqq h\left(\frac{b}{2}\right) - 2\Phi_1\left(\frac{b}{2}\right)\int_0^{b/2} h'(t)\,dt = h\left(\frac{b}{2}\right) - h\left(\frac{b}{2}\right) + h(0)$$

$$= \int_0^b k(u)\,du,$$

wobei wir $\Phi_1(t) = \int_0^t \varphi_1(u)\,du$ gesetzt haben. Mit

$$\int_0^b k(u)\,du \leqq \lambda_1^{-1} \leqq 2\int_0^{b/2} k(u)\,du$$

sind gute Einschränkungsgrenzen für λ_1 gewonnen, wenn $k(s-t) \geqq 0$ ein stetiger Kern ist und außerdem

$$k(t) - k(b-t) \geqq 0 \text{ gilt in } 0 \geqq t \geqq b/2.$$

Aufgabe 43: $u(s) = v(s) + \int\limits_{\lambda}^{1} k(s,t)\, u(t)\, dt$ hat die Lösung der Gestalt

$$u(s) = v(s) + \int\limits_{\lambda}^{1} \tilde{k}(s, t, \lambda) v(t)\, dt,$$

wenn $\tilde{k}$ existiert. Existiert $\frac{\partial \tilde{k}}{\partial \lambda}$ dann gilt

$$\frac{\partial \tilde{k}}{\partial \lambda} = -\tilde{k}(s, \lambda, \lambda) \cdot \tilde{k}(\lambda, t, \lambda).$$

Aufgabe 44: $k(s,t) = 1 + \frac{1}{2} e^{2\pi i(s-t)}$, $Kf = \int\limits_0^1 k(s,t) f(t)\, dt$.

Es ist $\| k \| = 1$, aber $\| K \| = \sqrt{5/4}$.

Sachverzeichnis

MIX
Papier | Fördert gute Waldnutzung
FSC® C083411

Zeitfracht Medien GmbH
Ferdinand-Jühlke-Straße 7
99095 Erfurt, Deutschland
produktsicherheit@kolibri360.de